森林のはたらきを評価する

本書は財団法人日本生命財団の出版助成を得て刊行された

カバー表：夏の針広混交林(網走地方)
カバー裏：秋の針広混交林(胆振地方)
表　　紙：天然林(後志地方)
前扉左上：北海道大学植物園内の森林
前扉右上：人工林(網走地方)
前扉左下：秋の針広混交林(札幌近郊)
前扉右下：冬の針広混交林(札幌近郊)
本　　扉：初夏の針広混交林(上川地方)

森林のはたらきを評価する

市民による森づくりに向けて

中村太士・柿澤宏昭 編著

北海道大学出版会

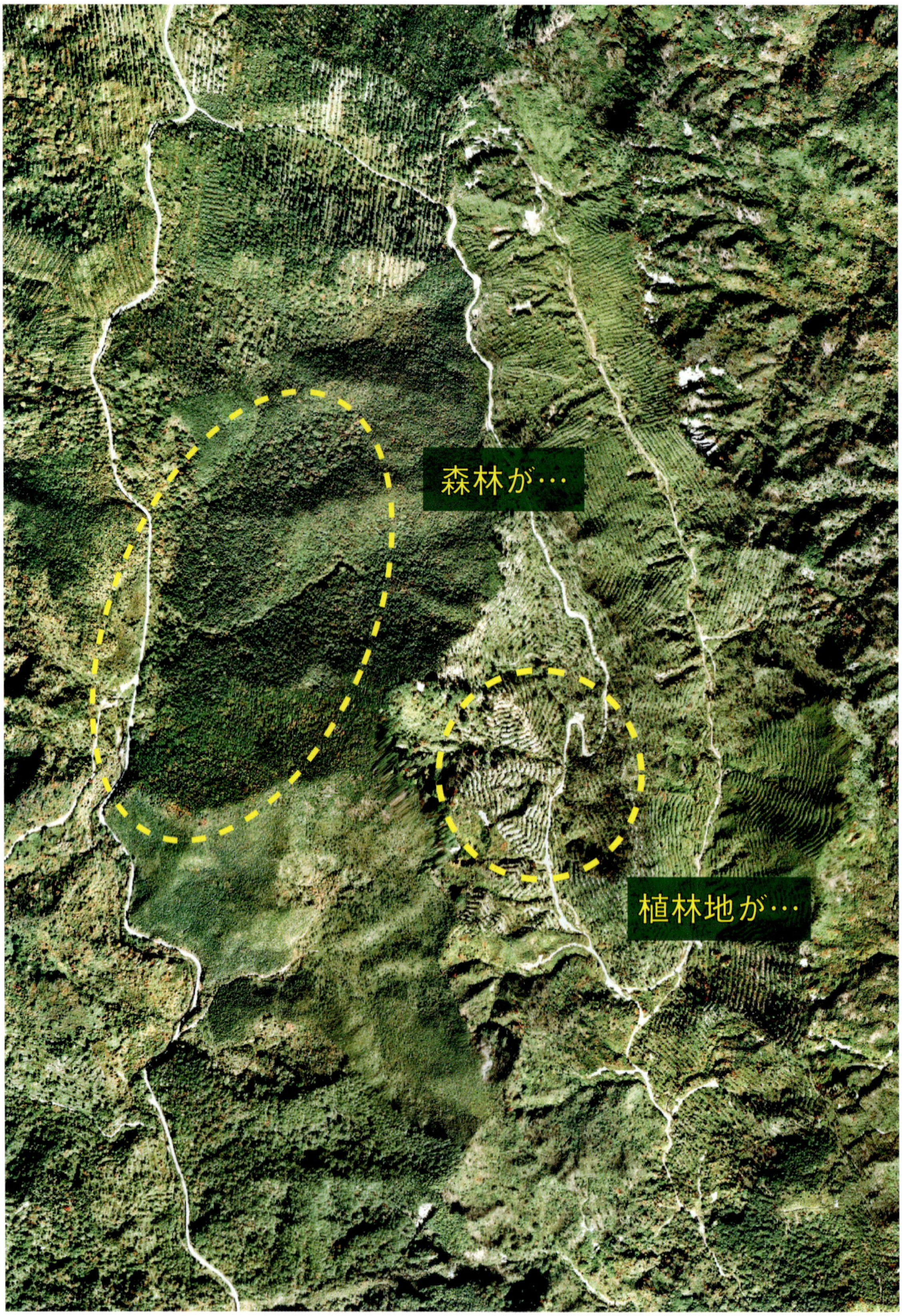

口絵1　1976年撮影のウヨロ川上流空中写真（Ⓒ国土地理院）

口絵 2　2006 年撮影のウヨロ川上流空中写真 (Ⓒ(株) インフォシーズ)

ウヨロ川フットパスへようこそ

ウヨロ川フットパスは、北海道白老町で里地里山の田園風景が残されているウヨロ川周辺に設定された総延長約14キロメートルのフットパス（歩く道）コースです。コースの大半が河川沿いにありますが、車道のほか公園の遊歩道、釣り人の踏み分け道、牧場などをつないだもので、歩く時はこのマップを持参し、案内標識を確認ください。全体的に起伏の少ない歩きやすいコースとなっており、周辺の環境は、河川、森林、牧場などと変化に富み、春の新緑から秋の紅葉まで季節の変化を楽しむことができます。特に、秋にはサケの遡上を見ることができ、自然界のダイナミックな営みに感動すること間違いなしです。

コースの途中には、萩の里自然公園、白老牛の放牧場、また現役を引退した競走馬を預かるオーシャンファーム、森づくりが進められているトラストの森、エコの森などがあり、歩いていて飽きることのない魅力的なコースとなっています。

Trust Uyoro Footpath Eco Haginosato

白老町内の観光案内連絡先

白老町産業経済課 0144-82-6491
白老観光協会 0144-82-2216
JR白老駅 0144-82-2024

ウヨロ川フットパスコース

ウヨロ川フットパスは、2つの周回コース（萩の里・エコの森コース、トラストの森コース）がつながった8の字型の大きな周回コースが設定されています。そのため、利用される方々の体力や時間的な都合などによって、コース全体あるいはコースの一部をお好みで選択し利用することができます。

8の字全体を周回する場合は、JR萩野駅または萩の里自然公園駐車場がスタート地点になります。そこから「萩の里自然公園」に入り、しばらく登り道を歩きます。途中から下りになりウヨロ川を横断、さらに高速道路を横切って「オーシャンファーム」に至ります。そして、オーシャンファームからウヨロ川に出て、ウヨロ川を上流に向かって歩き、「トラストの森」を目指します。

トラストの森からは「サケマスふ化場」を経由してオーシャンファームに戻ります。そこからウヨロ川に出て、下流部に向かって川沿いを歩きます。なお、このコースは、川の左岸と右岸の2コースがあり、左岸ルートには、「エコの森」があります。最後は道道86号に出て、スタート地点に戻ります。

コース全体を歩くと約4時間の健脚コースとなっています。以上のフットパスは、決してすべて回る必要はありません。自分の体力などに応じて、好きなところを何回も回るという楽しみ方もあります。フットパスは踏み分け道の所もあるので標識に注意して歩いてください。

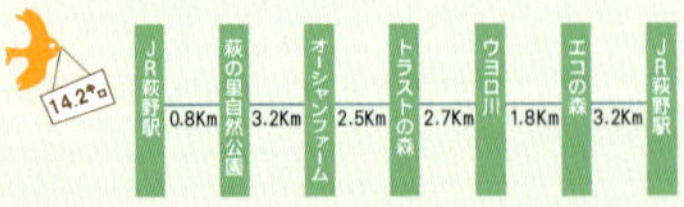

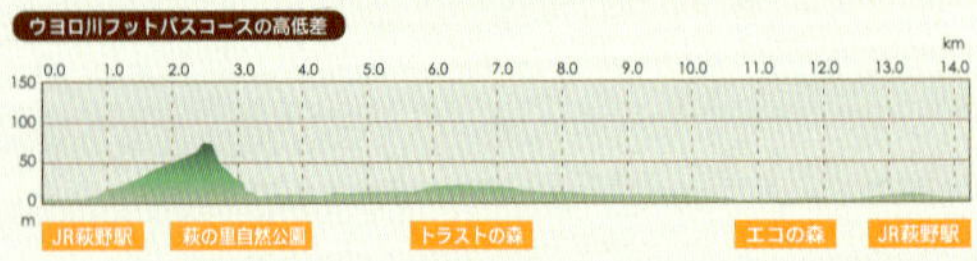

NPO Uyoro Countryside Trust

NPO法人ウヨロ環境トラストのご紹介

NPO法人ウヨロ環境トラストは、里地・里山の田園景観が残されているウヨロ川流域で、その景観と自然環境を保全することを目的として活動しています。
活動の内容は、土地を保有して自然環境を保全するナショナルトラスト活動、森づくりやフットパス整備などの環境ボランティア活動、青少年を対象とした環境学習活動などの実践的活動です。

ナショナルトラスト活動

土地の所有と保全協定による自然環境の保全
- 所有地　トラストの森 2.2ha　山林5.8ha
- 協定地　8.8ha

環境ボランティア活動

森づくり（トラストの森や協定地の手入れ）
フットパス整備とウォーキング行事　自然再生（雑木林の復元等）

環境学習活動

青少年の自然体験活動　自然観察会　自然ガイド　自然調査

「緑の生活」のご提案

NPO法人ウヨロ環境トラストは、環境ボランティアや森づくり、フットパスの活動などを、自然とのふれあいを楽しむライフスタイル「緑の生活」として提案しています。北海道らしい北の大地の生活を楽しむ活動にあなたも参加しませんか。

ウヨロ川 フットパス・マップ
2006年3月15日発行
発行　NPO法人ウヨロ環境トラスト
〒059-0902 北海道白老郡白老町若草町1-11-7
TEL:0144-85-2852 FAX:0144-85-2856
URL:http://www.shiraoi.org/trust
E-mail:trust@shiraoi.org
編集・デザイン　河村 麗子
イラスト　村野 道子　尾野 正一郎（魚）
写真提供　島田 明英　角田 武　千場 修司
このマップは（社）日本森林技術協会（森業・山業創出支援総合対策事業）、（財）北海道新聞野生生物基金、白老町みんなの基金の助成を受けて作成しました。
＊このマップはNPO法人ウヨロ環境トラストが発売している折りたたみ式のマップを広げたものです
定価200円

口絵 3　ウヨロ川フットパス・マップ①（NPO 法人ウヨロ環境トラスト，2006 より）

Point introduction of Uyoro Footpath

フットパスのポイント紹介

1 サケが還（かえ）るウヨロ川

ホロホロ山麓から流れる自然豊かな川

胆振管内最高峰のホロホロ山山麓の湿原を水源とし、太平洋に注ぐ水質良好な流路延長18. 8km、流域面積61. 2 km²の二級河川です。1965年から70年にかけて、ショートカットを中心とする河川改修が行われ、下流部の左岸には自然豊かな三日月湖が何箇所も残されています。

背景写真：ウヨロ川　いから見る恵庭岳、風不死岳、樽前岳

川沿いのフットパス

高速道路より上流のフットパスのかなりの区間はウヨロ川の左岸沿いです。釣り人の踏み分け道をつないだもので、護岸ブロックのところは、穴に落ちないように気をつけて歩きましょう。

サケの溯上

ウヨロ川中流部近くにはふ化場があり、稚魚が放流されていますが、秋には本流では自然ふ化で海に下ったサケが戻ってきてフットパスから間近に自然産卵の様子が見られます。最近では春に町民による稚魚の放流も行われています。

2 オーシャンファーム

競走馬が余生を送る養老院のような牧場です。フットパスは牧場入口からすぐに左手の高速道路沿いにウヨロ川に向かい、牧場の外周を歩きます。牧場の人がいれば許可をもらって、畜舎の中の見学や牧場の中を歩いてウヨロ川沿いのフットパスに向かうこともできます。

3 サケの産卵場所

高速道路の橋より上流のウヨロ川はサケの産卵場所です。秋にはいたる所で、尾を使って川底に産卵床を掘るサケの姿が見られます。産卵床では石の色が白っぽく大きさがそろった綺麗な玉砂利が盛り上がっています。

サケの群れ

口絵 4　ウヨロ川フットパス・マップ②（出典は口絵 3 に同じ）

ウヨロ川を結ぶフットパス・

ウヨロ川の周辺は里山の森に囲まれています。

ゆっくり歩きながら乗り物では通り過ぎてしまうような途中にある自然や里山の良いところを発見し、地域の魅力を感じることができるフットパス

フットパスとは

フットパス(foot path)とは、地域の自然や歴史・文化資源などをつないだ歩く道のことです。本場のイギリスでは、19世紀からこのような道がつくられ、多くの人に利用されてきました。北海道でも近年フットパスが注目されて、全道各地でつくられつつあります。

フットパス周辺の環境ボランティア活動

トラストの森を中心に環境ボランティア活動を行っているのはNPO法人ウヨロ環境トラストです。森林の手入れなどの保全活動を続けながら、青少年を対象とした自然体験キャンプや自然教育の指導者育成などの環境学習活動も実施しています。また、2002年からはサケの溯上や産卵が観察できるウヨロ川沿いのフットパス整備をボランティア活動として進めています。

2004年10月にはNPO法人として北海道の認証を受け、実践的な環境ボランティア活動を進め、ウヨロ川周辺の豊かな自然環境の保全に貢献することを目指しています。

トラストの森では森を守るための様々な活動が行われています。

トラストの森やその周辺は約40年前にカラマツが植えられましたが、その後所有者が変わり放置され荒れていました。2002年から毎年、一般の方にも呼びかけ、カラマツの枯損木などの除間伐や枝打ちがボランティア活動として行われています。

また、フットパスの整備や草刈りなどもボランティアの手で行われており、ウヨロ川周辺ではさまざまな環境ボランティア活動が展開されています。

枝打ち体験の様子

カラマツ林の間伐作業の様子

フットパスでつながれた豊かな森

トラストの森

白老町石山のサケマスふ化場に近いタップコップ(たんこぶ山)の北側にある、NPO法人ウヨロ環境トラスト所有の2.2haのカラマツ林です。この地域には約40年前に植林されたカラマツ人工林が広がっていますが、育林の手入れがされず放置状態で荒れていました。その森を含むウヨロ川周辺の素晴らしい自然環境を保全するために町内外の自然愛好者が資金を出しあってナショナルトラスト運動を行っています。

●問合せ ☎0144-85-2852(トラスト事務局)

エコの森

国有地であるウヨロ川下流の河川敷17haで、環境ボランティア団体「エコの森ウヨロクラブ」が後世に緑豊かな河畔林を残そうと整備を手がけている森です。

同クラブでは、多様な野生動物が生息できる自然環境の創出を目標に、昔の河川敷地での植林・間伐・除伐、動植物の保護などに意欲的に取り組んでいます。また河畔林の再生を狙いに林の下草刈りや枝払い、植樹作業に取り組んで自然再生のための活動を進めています。

●問合せ ☎0144-85-2852(トラスト事務局)

萩の里自然公園

萩野市街の背後に位置する萩の里自然公園は面積約200haの森林で、雑木林が主体の自然豊かな公園です。遊歩道やセンターハウスなどの施設があり、バードウォッチングやウォーキングにも最適。特にウォーキングは、展望のよいコースがいくつもあり、時間に合わせて選択が可能です。コース沿いでは、野鳥やエゾリスなどの小動物との出会いも楽しみです。公園のマップはセンターハウスで入手できます。

●問合せ ☎0144-84-2222(センターハウス)
☎0144-82-4215(白老町建設課)

The friends in Uyoro Forest

NPO Uyoro Countryside Trust

The friends in Uyoro Forest

ウヨロの森のなかまたち

フットパスは自然の中の散歩道。歩くことで自然の本当の姿がみえてきます。それは森の生き物と出会う道でもあります。

ウヨロの森に棲む動物と植物をご紹介しましょう。あなたは、きっと森のどこかでこれらの動植物に出会えることでしょう。

The animal

森の動物たち

哺乳類は種類が少ないだけでなく、そのほとんどが夜行性のため、滅多に見ることができません。ところが冬季には雪の上にくっきりと足跡などのフィールドサインが残され、それを観察すればどんな哺乳類がいるかが分かります。

①エゾシカ ②エゾタヌキ ③キタキツネ ④エゾリス ⑤アカネズミ

The flower

森で出あう花

リンドウ 花期9～10月。多年草で、高さが30～60cmになり、真っ直ぐに伸び、花は青紫色。

マイズルソウ 葉のようすを羽根を広げたツルの舞いに見たてて名がついた。花期5月～7月。(実)

フッキソウ(ツゲ科) 花期5月。林床に敷きつめるように生える。常緑性でつぼみのまま冬越しする。ときわに繁るめでたい木とされ富貴草と書く。(実(9月～10月))

ミズバショウ 花期4月下旬～5月中旬。湿地に生えるサトイモ科の多年草。葉は花より後に伸び、花が終わると高さ30cm以上にも成長。

ツルリンドウ(リンドウ科) 花期8月～10月。茎はつる状。実は葉とともに春先まで残ることがある。(実)

タチツボスミレ(スミレ科) 花期4月～6月。花は根元と茎の葉のわきから咲く。

The bird

森の鳥たち

木々の間、谷と谷をまたいで飛んでいく姿をいつも見ることができます。その多くは森林に生息する種類で、春になると南から子育てのためにやってくる夏鳥が全体の半分以上を占めています。

代表的な種類として、カッコウ、クロツグミ、センダイムシクイ、オオルリ等をあげることができます。

■夏鳥(繁殖のため南方から渡ってきて、春から秋まで滞在)

▲冬鳥(冬越しのため北方から渡ってきて秋から春まで滞在)

●留鳥(一年中見られる)

▲ **ツグミ** クィックィッと二音節で鳴く。

■ **モズ** キィーキィーキィーと高鳴きをする。尾羽根を回す。

● **ヤマガラ** ニーニーニーと鳴く。シジュウカラ類と混じることがある。

● **ハシブトガラ** チヨチヨチヨとさえずる。黒いベレー帽と蝶ネクタイの姿。

● **シジュウカラ** ツツピーツツピーとさえずる。おなかに縦の黒い線がある。

● **ゴジュウカラ** 木の幹を逆さに回るように歩く。フィーフィーフィーとさえずる。

▲ **キレンジャク** チリリリ…と細い声で鳴く。群れで行動する。

● **アカゲラ** キョッキョッと鳴く。幹に縦にとまるときは尾羽根で体を支える。最もよく見かけるキツツキ。

■ **クロツグミ** チィチョチィチョビィなどとさえずる。他の鳥の声もまねる。

The fish

川の魚たち

ウヨロ川は胆振管内最高峰のホロホロ山山麓の湿原を水源とし、太平洋に注ぐ水質良好な二級河川です。ウヨロ川中流部近くにはふ化場があり、サケの稚魚が放流されていますが、本流では自然ふ化のサケも戻ってきて、間近に自然産卵の様子が見られます。

ヤマメ 川や湖で一生を過ごすサクラマスのことをヤマメと言います。サクラマスは3～6月に川へのぼり、秋に産卵します。

アカハラ 春の産卵期にわき腹が赤くなるウグイの別称。6月頃になると産卵のために川に上がってきます。

アメマス イワナ属で海へ帰るものが多い。産卵期は10月頃で、流れの緩やかな浅いところで産卵します。

サケ 9月上旬から11月いっぱいまでウヨロ川に戻ってきて産卵します。

The friends in Uyoro Forest

[Illustrator by Michiko Murano & Seiichiro Ono]

フットパスを歩くマナー ～カントリーコード～

ウヨロ川フットパスを歩くマナーとして、カントリー・コードを守りましょう。

フットパスの本場イギリスでは「田園(フットパス)を歩くきまり」として、カントリー・コードが定められています。

Country code

1. 田園を楽しみ、そこで活動する人の生活と仕事を大切にしよう。
2. 牧場の柵のゲートは閉め忘れないようにしよう。
3. 犬を連れて歩く時には、引き綱につなごう。
4. 農地を通るときは、道からはみ出さないように歩こう。
5. 家畜、作物、農機具には、手をふれないようにしよう。
6. ゴミは持ち帰ろう。
7. 水は汚さないようにしよう。
8. 野生生物を守ろう。
9. 交通安全のため、車道は気をつけて歩こう。
10. 不必要な音はたてないようにしよう。

口絵 5　ウヨロ川フットパス・マップ③(出典は口絵3に同じ)

4 白老牛の放牧地

川沿いのフットパスの東側には、白老牛の放牧地が続きます。放牧地の中を歩く区間もありますが、牛が近くにいたら様子を見ながら足早に進みましょう。牛のフンにも注意。

5 ハルニレの木

フットパスから少し離れて放牧地の中に一本のハルニレの木があります。小さなベンチが根元にあるので、天気のよい日は木陰を求めて休んではいかがですか。

6 川の遊び場（河原）

橋の上流の雑木林の陰には河原があります。河原の近くの川には淵（深み）や浅瀬があり、夏は子どもの川遊び場に最適。きれいな水なので箱メガネを使うと、ヤマベの姿が見られます。
アイヌ語でカッケンハッタリ（カワガラスの淵の意味）という地名がついています。その昔シラオイコタンのアイヌは、イオル（漁場）として遡上するサケを捕獲し、現場で保存食の干しサケ（サッチェㇷ゚）にして持ち帰ったといいます。

7 トラストの森

手入れがされたカラマツ林はトラストの森です。ウヨロ川周辺の自然環境保全の拠点として、2001年に有志が資金を拠出し2.2haの森を取得しました。カラマツは約40年前に植えられたもので、その後放置されていましたが、現在手入れが進み明るい森に変わりつつあります。

8 ウヨロ小屋

トラストの森の中には山小屋があります。道の向かいには白い外壁のトイレもあり、いつでも使えます。小屋の柱や壁、テラスの材料は森の手入れで伐った間伐材。小屋は閉まっていることが多いので、ウォーキング途中に小屋で休憩したい方は、事前に連絡下さい。

●問合せ ☎0144-85-2852　トラスト事務局

9 タㇷ゚コㇷ゚

トラストの森の南側に見える小高い山はアイヌ語地名でタㇷ゚コㇷ゚と呼ばれていました。小山が続いた「たんこぶ山」という意味です。尾根に上がると、眺望は抜群で南に太平洋、北西には胆振の最高峰ホロホロ山、北東に樽前山などが望めます。道がはっきりしていないので、登りたい方は事前にガイドを依頼することをお薦めします。

10 湧水地（メㇺ）

道から少しそれた雑木林の中に、アイヌ語でメㇺと呼ばれる湧水地があります。夏でも冷たい水が湧いており、ふ化場の水源にもなっています。はっきりした道がないので、メㇺの周辺を歩いてみたい方は、事前にガイドを依頼して下さい。

11 サケマスふ化場

ウヨロ川付近でのサケマス増殖事業は1950年頃から始まりましたが、度重なる水害などで一時中止されていました。現在のふ化場は、湧水（メㇺ）を水源に1978年に整備されました。湧水のほか、井戸水やウヨロ川からの導水も利用されています。
ふ化場から流れ出る小川はかってはメナ川となって東に流れていましたが、稚魚を放流するため、ふ化場からウヨロ川をつなぐ新たな川が掘られました。川の名前はアイヌ語でイレスナイ川（サケを育てる川）と名づけられ、今では秋になるとウヨロ川からふ化場を目指してたくさんのサケが上ってきます。

12 サクラ並木の道

ふ化場からウヨロ川に続く支流イレスナイ川沿いの牧場の外周の途中に、細いサクラの並木があります。牧場に馬を預けていた馬主さんが、記念植樹で植えたもので、数年後には桜の名所になることでしょう。

（NPO Uyoro Countryside Trust）

功労馬の安息の地 イーハトーヴ・オーシャンファーム

オーシャン牧場は、日本で初めて引退馬の世話を手がけた牧場で、大井昭子氏（2004年9月逝去）によって開設されました。競走馬として活躍した往年の功労馬を預かり、余生を送らせています。競走馬の現役時代のファンが、かつての雄姿を懐かしみながら訪ねてきます。繋養されている各馬については、これまでの経歴が紹介されています。かつてレースで活躍した馬、蹄葉炎になりながらここで元気になった馬、双子として産まれひきとられた馬、馬主に「幸運の馬」と言われここで過ごす事になった馬等々、いろいろな物語をもった馬が集まっています。

2003年６月には乗馬クラブが開設され、全国乗馬倶楽部振興協会の公認インストラクターによって初心者の体験乗馬から本格的なホーストレッキングまで指導が受けられるようになりました。白老の新しい体験スポットとして注目されています。
直径18ｍの円馬場と800㎡（20×40ｍ）の角馬場が練習場で、牧場内に30分のトレッキングコースを設け、草地や林間を安全に乗馬で散策もできます。上級者には牧場を起点とした本格的なトレッキングコースの相談にも応じてもらえます。将来的には、子供達や障害者の方々も含めて、たくさんの方が馬との触れ合いを通して自然を満喫できる施設となることを目指しています。

見学可否　見学可・お墓参り可（ノースガスト）
見学期間　年間見学可能
見学時間　9:00～11:00
　　　　　14:00～16:00
事前連絡　事前連絡必要（当日）
注意事項　従業員の指示に従い、見学マナーを守ること
※乗馬施設あり（各コースあり。前日午後４時までに要予約、月曜日は休業）

〒059-0921北海道白老郡白老町石山171-60
●問合せ ☎0144-83-3365

白 老 牛（黒毛和種）

1954年に白老町は北海道で初めて、島根県から黒毛和種の肉用牛を導入しました。以来、農家が一丸となって家畜の改良や増殖に努め、1975年8月当時の全国和牛登録協会会長から「白老牛」の命名を受けたことが、今日の起源となっています。
現在は全道でも有数の生産を誇る「白老牛」。成長に適した気候と優れた環境、飼育技術が全道に誇る味を生み出しました。きめ細かな霜降りが自慢の高級牛肉として、そのおいしさは松坂牛や神戸牛にも劣らない和牛との評価を得ています。

白老牛の店
■天野ファミリーファーム　白老町字白老766-125 ☎0144-82-5493
■白老牛の店いわさき　白老町字社台271 ☎0144-85-2298
■牛の里　白老町栄町1丁目6-13 ☎0144-82-5357
■レストランカウベル　白老町字石山112-14 ☎0144-83-4567

白老牛は霜降りも抜群。

白老の自然ウォーキングコース

① ふるさと体験館「森野」周辺　2km　約40分

閉校した森野小中学校を活用した体験館「森野」の周囲は、自然がいっぱい。裏山の尾根沿いをすこし登って、白老川の河岸段丘に降り周囲を回るコースや、白老川に下りるコースなど幾つかある。冬は歩くスキーのマタルコースとして多くの人に利用されている。案内標識がないので、体験館に事前に依頼するとガイドが付いてくれる。
体験館には体育館や宿泊できる部屋もあり、グループでの研修や合宿もできる。

●問合せ ☎0144-82-6041　(財)白老町体育協会

② ポロト森林コース　14km　約4時間

ポロト湖一周に加え、さらに奥に続く林道と遊歩道を巡るコース。ミズナラ、クリなどの巨木が残る森と針葉樹林の中を歩く。
コース沿いの尾根を登ると、樽前山の景観が素晴らしい展望台がある。

③ 桜ヶ丘公園コース　2km　約1時間

雑木林と針葉樹林の中を巡るアップダウンに富んだコース。運動公園にもなっており、コースを下りるとトイレや休憩施設も充実している。

④ 仙台陣屋コース　2km　約1時間

国指定の史跡白老仙台藩陣屋跡の中の雑木林などを散策するコースで、樹齢百数十年のアカマツが１本残っている。資料館では幕末の北海道の歴史を学ぶことができる。初夏に咲くお堀沿いのアヤメの花が素晴らしい。

⑤ 倶多楽湖山麓フットパス　4km（往復）　約3時間

水質日本一になったこともある倶多楽湖の外輪山を越え湖畔に降りる旧道を復元したコース。入口は湖畔に続く車道から左手に少し入った昔の石切り場で、山神の石碑が残されている。この旧道は明治末期に倶多楽湖でヒメマス養殖を手がけた中尾トメ女史が、夫が去った後も住み続けた湖畔から市街地へ行くため馬で通った道で歴史が偲ばれる。太い木のある雑木林の中を抜け、湖が見える外輪山の尾根に出ると湖畔は近い。案内標識がないため、地形に詳しいガイドを依頼すること。

●問合せ ☎0143-83-1716　いぶり自然ガイド野の山（京広）

Flower calendar 花　歴

4　5　6　7　8　9　10

ナニワズ
ミズバショウ
ヒメイチゲ
キタコブシ
ヒトリシズカ
エゾヤマザクラ
オオタチツボスミレ
タチツボスミレ
オオバナノエンレイソウ
ユキザサ
オオアマドコロ
クリンソウ
スズラン
タニウツギ
ヒオウギアヤメ
キツリフネ
オオウバユリ
ノリウツギ
ムラサキシキブ
オトギリソウ
オミナエシ
ツリガネニンジン
ツルニンジン
ヤマハギ
ユリアオイや
エゾミソハギ
ハンゴンソウ
ヨツバヒヨドリ
エゾノコンギク
リンドウ
アキノキリンソウ
センブリ

キタコブシ
ナニワズ
オオバナノエンレイソウ
ノリウツギ
ヨツバヒヨドリ

写真：上からキタアカネ、クジャクチョウ、キアゲハの幼虫、エゾツユムシ

The insect of Uyoro
[Photographs by Akihide Shimada & Takeshi Tsunoda]

このフットパスマップは次の所で入手できます。
●トラストの森　●オーシャンファーム
●萩の里自然公園センターハウス
●JR白老駅観光案内所　●白老町役場産業経済課

Shiraoi Footpath

ポロト森林コース以外は案内標識がないので、事前に問合せ下さい。問合せ先の記載がないコースは、NPO法人ウヨロ環境トラストへ。

Acsses

●札幌から　JR特急約1時間
　車約1.5時間（道央自動車道）
●千歳から　JR特急約30分
　車約40分（道央自動車道）
●苫小牧から　JR白老駅　普通約25分
　JR萩野駅　普通約30分
　車（白老市街へ）約30分（国道36号）
●大滝から　車約40分（道道白老大滝線）

口絵 6　ウヨロ川フットパス・マップ④（出典は口絵３に同じ）

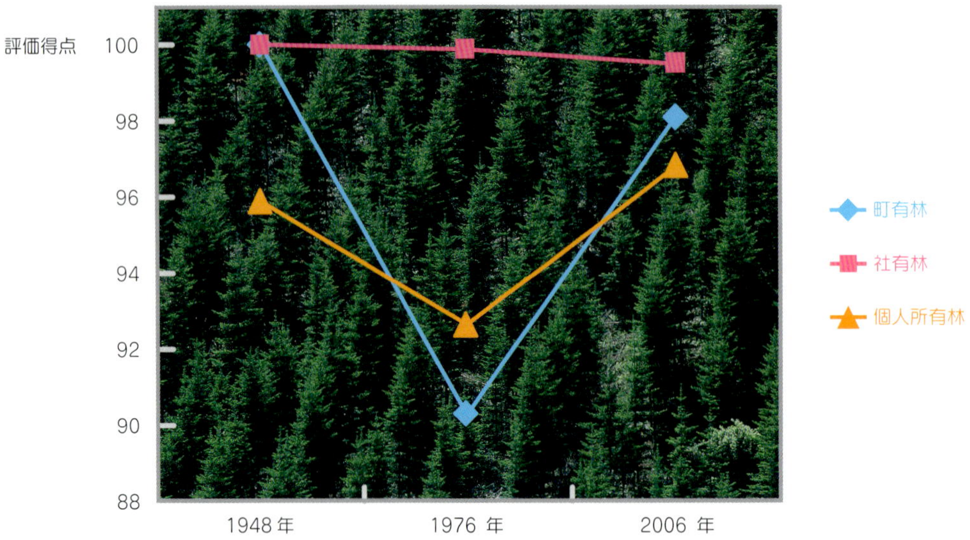

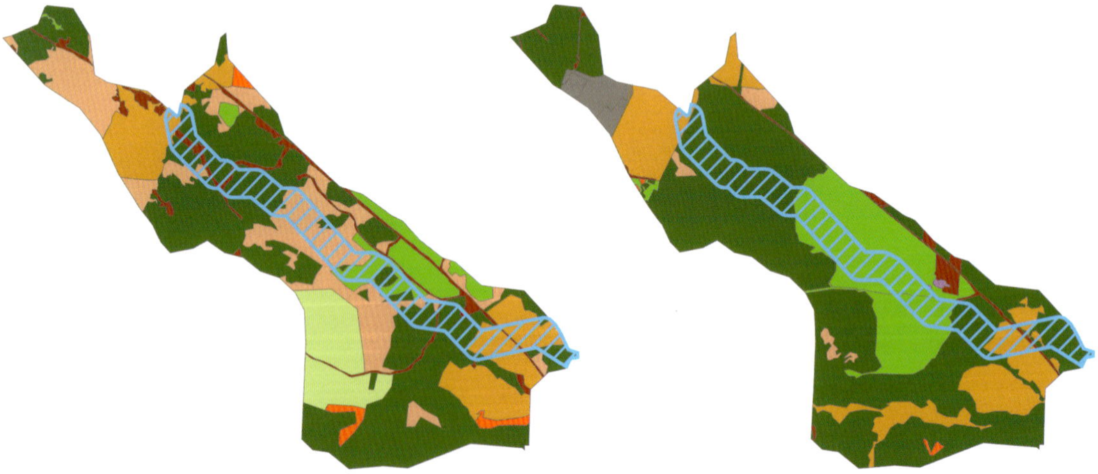

1976 年の個人所有林の土地利用

2006 年の個人所有林の土地利用
（森林が増えて水土保全機能が回復）

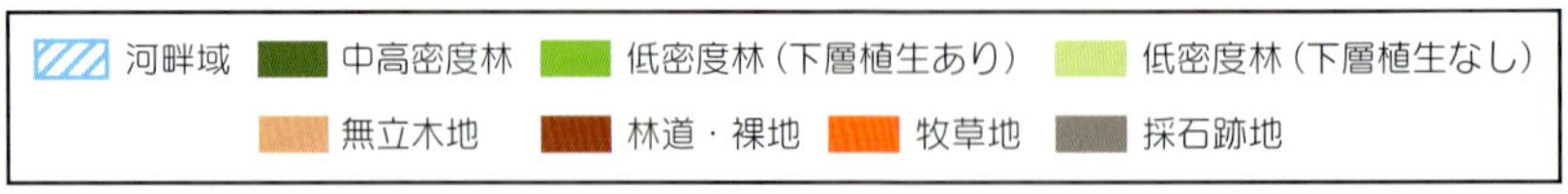

口絵 7　白老町ウヨロ川流域の水土保全機能の変遷（森本ほか，2009 より）。北海道の森林機能評価基準を用いて，白老町ウヨロ川流域の水土保全機能評価をしたところ，企業などが所有している社有林の評価得点は戦後から現在までほぼ 100 点であり，水土保全機能は維持されてきたことがわかった。一方，白老町有林や個人所有林では 1976 年，つまり高度経済成長期に一時的に水土保全機能が低下してしまった。しかし 2006 年には，その機能もほぼ 1948 年の水準まで戻ってきている。

はじめに

森林を取り巻く情勢はめまぐるしく変化している。

食料は自給率40%程度に落ち込み，食の安全・安心の観点からもさらなる自給率アップが叫ばれるなか，木材にいたっては，1970年代初めにすでに自給率は30%程度に落ち込み，現在では20%程度にすぎない(図1)。このように木材自給率が低下した理由として，戦中，戦後の伐採による森林の荒廃と，その後の高度経済成長にともなう木材需要の拡大が挙げられる。需給逼迫に対処するために国有林では1960年代から林力増強計画，生産力増強計画の名のもと，天然林を伐採し，本州ではスギやヒノキ，北海道ではトドマツやカラマツの拡大造林を実施してきた。しかし，人工林資源が成熟し，伐採できる大きさに成長するためには50年程度の時間を要する。結局，国産材だけでは急成長をとげつつある日本経済の木材需要を賄うことはできず，安価な外国産材(以下「外材」)輸入によって需要を満たしてきたといえる(図2)。その結果，木材価格は低迷し，林業就業者の減少，高齢化が顕著になり国内の林業経営が成り立たなくなっているのが近年の状況である(図3)。

経営の悪化にともない，管理放棄される人工林も増えてきた(図4)。こうした放置人工林における土壌流出や大規模な風倒被害の発生(図5)，流木災害などが新聞メディアを通じて全国各地から報告され，森林のもつ水源かん養機能や土砂流出防止機能の劣化に対する国民の危機意識が高まっている。さらに，1997年に議決された京都議定書のもとで，地球温暖化問題に対する森林の二酸化炭素吸収源としての役割が脚光をあびるようになってきた。こうした背景から，税金を導入してでも間伐などの保育作業を実施すべきとの意見が強くなってきており，多くの都道府県では，森林環境税を導入し始めている。森林環境税とは，森林のもつ水源かん養機能，土砂流出防止，レクリエーションなどの多面的機能を維持増進するため，地方公共団体が森林整備を行い，その費用負担を地域住民に求めるものである。2007年度までに，高知県をはじめ鹿児島県や愛媛県などの24の県が導入しているほか，19の道府県が導入を検討している。

2001年7月には，森林・林業基本法が施行された。1964年に制定されたこれまでの林業

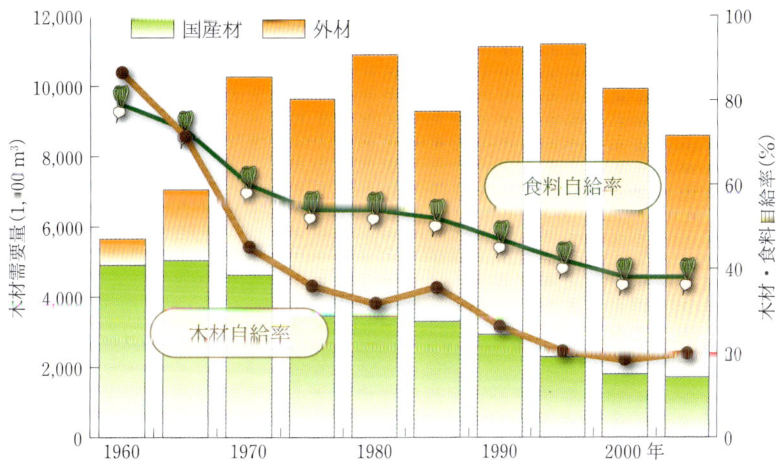

図1　食料自給率と木材自給率(農林水産省webページ(http://www.maff.go.jp/index.html)および，林野庁webページ(http://www.rinya.maff.go.jp/index.html)より作成)。木材は用材を，食料はカロリーを基準としている。

図 2　港に積まれた外材(広島県呉港)

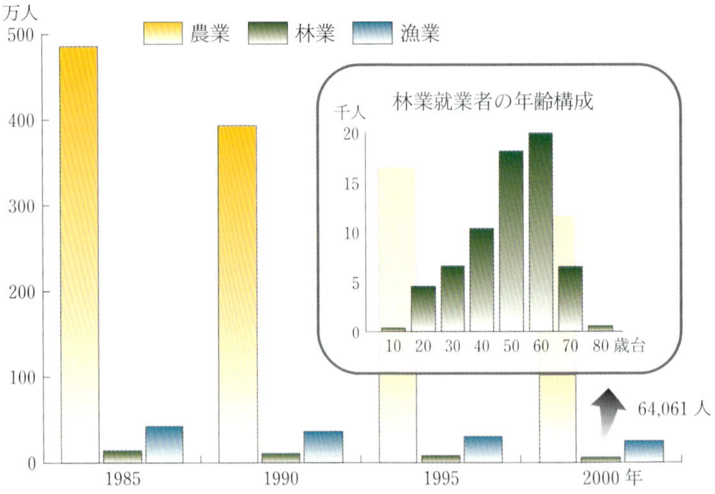

図 3　林業就業者の減少と高齢化(林野庁，2007 より作成)

図 4　伐採後に放棄された森林(網走地方)

図 5　風倒被害を受けたトドマツ(紋別地方の台風激害地)

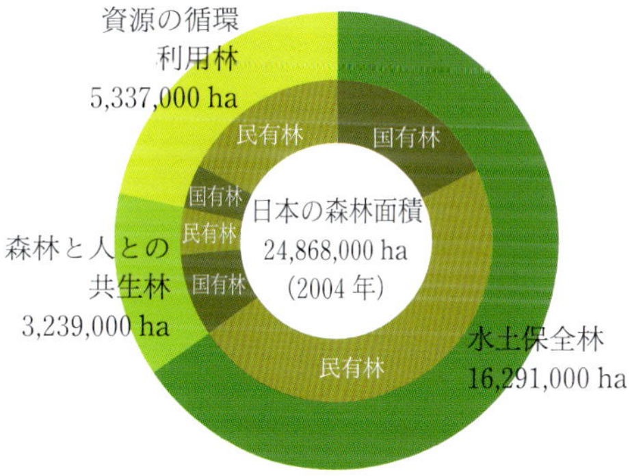

図 6　国の森林機能区分とその面積(林野庁，2008 より作成)。森林法第 2 条 1 項に規定する森林の数値で，森林計画の対象となっている森林である。ただし，林野庁以外が所管する国有林 197,000 ha は含まない。円グラフの数値が日本の森林面積の数値と合わないのは，四捨五入によるためである。

基本法が産業としての林業の発展をめざした法であるのに対して，水土保全などの森林の多面的機能を重視した大きな転換であった。現在国内のすべての森林はすでに「水土保全林」「森林と人との共生林」「資源の循環利用林」の 3 つに区分されているが，国有林では木材生産を目的とした資源の循環利用林は全体の 20%程度にすぎない(図 6)。また，保安林の面積は年々増加しており，現在では全国の森林面積全体の約 1/2 を占めるにいたっている(図 7)。国有林や北海道有林(以下「道有林」)の占める割合が大きい北海道では，この状況はさらに顕著で，道有林においてはすべての森林に対して多面的機能を重視する方針が打ち出され，国有林においても保安林の占める割合は約 90%に及んでいる。すなわち，北海道の国有林と道有林(一般民有林以外の森林)は，原則，多面的機能発揮のために管理されているのが現状である。

このように，森林の多面的機能を発揮させ，国民共有の財産(公共財)としての森林を社会全体で支えていくことが，現在強く求められているのは間違いない。しかし一方で，地球温暖化，石油資源の枯渇を背景に，低炭素・循環型社会の構築が求められ，日本の国として食料のみならず木材自給率の向上も進めていかなければならない。こうした多様な要求を満たすためにも，まず地域の森林がもつ多面的機能を，より具体的に地図化しながら森林づくりの方向性を検討

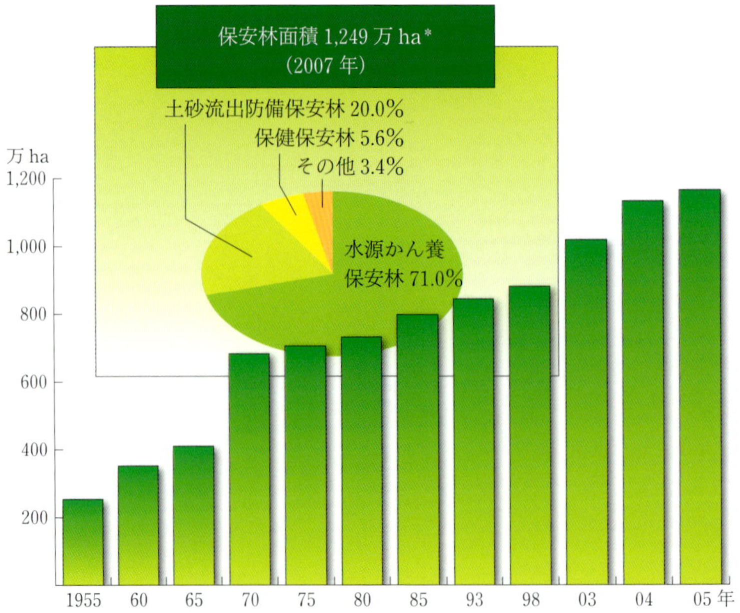

図 7　保安林指定面積の増加(林野庁，2008 より作成)。1 か所で 2 種類以上の保安林に指定されている場合，それぞれの保安林に計上している。実面積は 2007 年で 1,176 万 ha である。

する必要がある。また，森林の多面的な機能を評価する過程(以下「機能評価」)で問題点が明らかになった場合，どのような森林管理を実施していくべきかを知る必要がある。そして何よりも，「誰がどのように地域の森林の将来像を描き，多様な主体の合意をはかりながら意志決定していくか」が，いわゆる協働の森づくりを進めるうえでもっとも重要である。

以上のような背景ならびに問題意識を受け，ニッセイ重点領域研究「北海道の『森林機能評価基準』を活用した地域住民・NPO・行政機関・研究者の協働による森林管理体系の形成」が企画・採択され，2006～2008 年まで実施された(以下「プロジェクト」)。

この本はその成果をもとに作成されている。舞台となったのは北海道の南部にある白老(しらおい)町である。すでに 10 年ほど前から森林の保全・利用をはかる市民活動が活発に実施され，歴史の浅い北海道において北海道らしい里山の形成をめざした取り組みが行われてきた。

本書の内容は，第 1 章から第 3 章において，森林の管理に関する問題提起や全国的な動き，森林の機能評価手法を紹介し，第 4 章以降において，北海道白老町ウヨロ川流域における具体的な協働の取り組みについて紹介する構成となっている。

まず第 1 章において「なぜ今，機能評価なのか」について述べる。ここでは，国内の森林ならびに北海道の森林が抱える問題点を明らかにし，課題を整理する。さらに，課題解決にむけた新たな流れとして，一般市民が参加した協働の森づくりの動きとその背景について述べる。第 2 章では，全国のなかでも先進的な取り組みを実施している愛知県と徳島県の事例を紹介する。愛知県，岐阜県，長野県の 3 県にまたがる矢作(やはぎ)川流域は，「森の健康診断」を実施している地域として有名であり，市民が調査チームを組んで人工林の現状を調査している。また，徳島県勝浦郡上勝(かみかつ)町は「千年の森づくり事業」を実施しており，市民が主導してスギ植林の伐採跡地に自然林の再生を行おうとしている。これらの先進事例は，今後，同様な試みを実施したい北海道そして全国の NPO や市民団体にとって，大いに参考になると思われる。第 3 章では，北海道の水産林務部が提案し，今回のプロジェクトで使用した森林の機能評価について，その考え方と方法をわかりやすく説明する。森林の機能評価というと，どんな難しい方法で実施するのだろうか，と敬遠する読者も多いと思うが，本書で紹介している方法はそれほど難しくはない。地域の住民が協働で実施できるように工夫されており，ぜひ地域でも試みてほしい。

具体的な取り組みについては，まず第4章において，プロジェクトの舞台となった北海道白老町ウヨロ川流域で，早くからトラスト活動を実施してきたNPO法人ウヨロ環境トラストの活動を紹介したい。森林の手入れやウヨロ川ぞいのフットパス(自然歩道)の整備，子どもの自然体験活動など，環境ボランティア活動を実践しており，協働の森づくりを推進するうえで鍵となる人材を数多く有している。特に元気なシルバー世代には圧倒される。第5章では，第3章で紹介した機能評価の手法をウヨロ川流域に適用した場合，どのような結果になったかを紹介する。その結果を踏まえ，続く第6章においては，森林施業，つまり人間が森林に対して行う植栽や伐採のはたらきかけをどのようにすればよいのかを整理したい。

評価された個別の機能を地図化することは，流域の森林の全体像を知るうえでは重要であるが，それだけでは協働の森づくりの方向性は描けない。これらの地図は，将来の森の姿を描くための材料にすぎないからである。第7章では，これらの具体的な成果をもとに，2006年の7月から2008年の9月まで，全13回にわたって開催してきたワークショップでの議論を紹介したい。ワークショップでは町有林や大学演習林を見学するなど，共通の現場を見ながら，意見交換をした。また，森林機能評価で得られた知見や地図を，随時ワークショップ参加者に提示することで白老の森に対する理解を深めてきた。そして，これらの活動をとおしたワークショップの成果として，合意に基づいた森林のゾーニングマップを作成したので，その内容を紹介したい。

最後のまとめの前に，第8章では，森林機能評価の新しい試みである，子どもたちむけの取り組みについても紹介したい。森林機能評価は基本的に大人むけであるが，将来世代に森林に興味をもってもらうことも大きな課題だからである。

そして最後の第9章では，第1章で提起された課題を本プロジェクトによって見えてきた視点からさらに掘り下げ整理する。そして本書で提示した森林機能評価が適当であったか否か，問題点は何かについて述べたい。また白老町ウヨロ川流域での協働の森づくりを実施していくうえで達成できた課題，達成できなかった課題を整理し，将来の方向性を示したい。

北海道ならびに全国で協働の森づくりを考えている地域のNPO，行政，そしてそれを科学的側面から情報提供したい研究者にとって，この本で紹介した内容が少しでも力になり，具体的な一歩を進めることができれば，著者・編者にとって望外の喜びである。

なお，本書の出版にあたっては，日本生命財団から研究費の助成をいただき，また出版費に関しても助成をいただいた。同財団の援助なくして，研究および出版は行うことができなかった。加えて担当部長の吉川良夫氏からは，過去の助成経験を踏まえた，アドバイスやアイディアも頂戴し，本研究の遂行に大きなお力添えをいただいたことも申し添えたい。

また研究にあっては，白老町の多くの方々にご協力をいただいた。すべてのお名前を挙げることはできないが，森玉樹氏，濱田満氏，河野功氏，中野嘉陽氏，そして故・佐藤辰夫氏には特にお礼を申し上げたい。佐藤氏には，ぜひ本書を読んでいただきたかっただけに本当に残念である。ほかにも，島田明秀氏，矢澤和河氏，竹位尚子氏，松田寿子氏，尾張敏章氏，杉本健輔氏，宮内泰介氏，金子正美氏，渡會敏明氏，小野貴司氏，日本製紙㈱，三菱マテリアル㈱には調査や資料提供のご協力をいただいた。お礼を申し上げたい。最後に北海道大学出版会の成田和男氏・杉浦具子氏からは，本書の編集と出版にあたって，有用な助言とご協力をいただいた。心より感謝を申し上げたい。

2009年1月30日

編者を代表して　中村　太士

目　次

コ　ラ　ム

第1章

なぜ，今，森林の機能評価なのか

近年，森林のはたらきを目に見える形で誰にでもわかりやすく表現しようという試み，すなわち「森林の機能評価」が求められるようになってきた。その背景にあるものは，日本の天然林資源の劣化，人工林の間伐遅れなど森林資源の状況と，市民の森林に対する関心の高まり・多様化であると考えられる。そこで本章では，まず，わが国のこれまでの森林管理がどのように行われてきたか，そしてその結果，現在の森林資源がどのような状況におかれているのかについて述べる。続いて，このような状況に対して，森林管理をめぐってどのような新しい動きがあるのかについて述べる。ここでは第一に行政機関がどのような政策を展開しているかについて，第二に一般市民の参加による協働の森づくりの動きについて述べることとしたい。最後に以上を踏まえて，今なぜ森林機能評価なのかについて述べることとする。

1. 森林管理の展開過程と資源の現状

1.1 森林管理の展開過程

戦後の日本の森林政策は，戦時中に荒廃した森林資源の回復をはかることを最重要課題とした。各地で植林が行われ，荒廃した森林資源の回復に大きな努力が払われた。しかし，1955年に高度経済成長への助走を始め，1960年には高度経済成長に突入するなかで，増大する木材需要に国産材供給が追いつかず，1960年前後には木材の価格が高騰した。このため，木材需給逼迫の解消が重要な政策課題となったのである。

ここでとられた政策は第一に外材の輸入であった。1960年以降，相次いで外材の輸入が自由化され，輸入港湾の整備などが行われた。

第二の政策は国産材供給の増大であった。これについては国家の意思を直接的に反映できる国有林において，まず生産の拡大にむけた取り組みが行われた。さらに民有林においても，積極的に天然林を伐採し，スギやヒノキ，カラマツなどを植栽する拡大造林を行う政策が展開された(図1)。国有林においては林力増強計画，生産力増強計画のもとで，天然林に対して全国的に皆伐一斉造林が進められた。しかし，この拡大造林は不適切地への造林も行われ，不成績造林地が広範に生まれるなどの問題を引き起こした。

一方で天然林の占める割合の大きい北海道では天然林施業も進められた(図2)。天然林の資

図1　スギ人工林

図 2　ブナ天然林

源管理は，元本である蓄積を保持しながら，利子である成長量を収穫し，樹種構成を大きく変化させないことに主眼がおかれるべきである。しかし，残念ながら北海道の天然林施業は一部を除き，失敗に終わったといわざるをえない。1960～1970 年代の天然林施業は，元本を切り崩して資源を収奪してしまうという結果に終わった。そのため，後に詳しく述べる水土保全機能や生態系保全機能をはじめ森林のもつさまざまな機能を低下させていった。

一方この時代，民有林では需給の逼迫を受けて木材価格が高水準にあったことから，全国的に森林所有者が積極的に造林を行った。北海道では炭鉱の坑木の需要が大きく，短伐期で回転させて収入があげられるということが所有者にとって大きな魅力であった。このため，1960～1970 年代前半にかけてカラマツを中心とした大規模な拡大造林が行われた。こうして北海道の民有林には広大な面積の人工林が集積された(北海道山林史戦後編編集者会議，1983)。

もうひとつ指摘しておかなければならないことは，森林そのものが開発によって消えていったことである。もちろん都市開発による森林消失もあるが，北海道で大きいのは農地開発による森林の消失である。1961 年に農業基本法が制定されて以来，農地面積，特に牧草地面積が急激に増加し，農業就業人口がこれとは逆に減少している。農業基本法のもとで展開された政策は，大型機械の導入によって農業生産効率を上げ，農家一戸当たりの経営規模拡大をめざしたもので，農業と他産業との所得格差が顕在化しつつあった高度経済成長期において，機械化と経営規模拡大によってこれを改善しようとしたものであった。一方，このような大規模農業開発にともなう環境への影響も問題となり，特に北海道東部において行われた大規模な草地開発は，森林伐採や土壌侵食にともなう土砂の流出，畜産経営にともなう糞尿の河川への直接流出による水質の悪化など，流域環境に大きな影響を与え，漁業者は大きな懸念を示した(図 3)。

1.2　森林資源の現状と管理の課題

森林所有者が，植林を行い手入れすることによって，これまで森林資源を育成してきたのは疑いのない事実である。ところが，今日では木材価格の下落や所有者の高齢化などから経営意欲が低下し，十分な手入れができない状況になっている。

1960～1970 年代に活発に植えられた全国の人工林の多くは間伐期を迎えているが，間伐を促進させるための補助金があるにもかかわらず，採算が取れない場合が多く，日本各地に間伐遅

図3　河畔林の伐採と大規模な農地開発（北海道標津川河口）

れの森林が多く存在する状況になっている。特に間伐遅れのスギ・ヒノキの人工林では，林内に日光がほとんど届かないため下層植生がほとんど失われ，土壌の侵食が大きな社会問題となっている。

一方，成長の早いカラマツを主要な造林樹種としている北海道の網走・十勝地方では，伐期を迎えつつあり，皆伐が盛んに行われるようになっている。ところが伐採を行ったとしても，所有者が得られる収入が少ない，後継者がいないといった理由で，伐採跡地に苗木を植えないまま放置するといった現象が進んでいる。このままでは北海道のカラマツの人工林が一過性の資源となりかねないという深刻な状況になっているのである。

国有林・道有林においては上述のように資源の劣化が顕著になり，外材輸入の拡大ともあいまって木材供給源としての役割は大きく低下した。一方で，森林の多面的機能が重視されるなかで，国有林をはじめとする公的な森林経営に対する期待が高まってきているが，財政悪化にともなって積極的な森林に対する投資が行える状況にない。こうしたなかで，公的な森林経営のあり方が問われてきた。

1.3　森林への要求の多様化

このような背景を受けて，一般市民の森林への関心が高まり，また要求が多様化するようになってきた。すでに1970年代から自然環境保全やレクリエーションなど，木材生産以外への関心が高まってきていたが，近年特に大きいのは，温室効果ガスである二酸化炭素の吸収源としての森林の機能についてである。京都議定書で日本は温室効果ガス排出量を6%削減することを約束したが，そのうちの3.8%を森林によって吸収することとした。このため，どのような森林施業を行えばどのくらいの吸収量が見込めるのかといった検討が行われるようになった。また，森林を排出権取引の枠組みにのせて，森林管理費用を獲得しようという動きも，山村地域の自治体などを中心にあらわれ始めた。

もうひとつ目立った動きとして，森林の洪水防止への期待が全国的に高まっていることが挙げられる(蔵治・保屋野，2004)。河川生態系の保全・再生をめざして，ダム反対・ダム撤去といった動きが全国各地で繰り広げられるなかで，森林の洪水防止機能への期待が高まり，森林整備によってダム建設をストップさせようという運動も四国や九州で展開されている。

一方，北海道で注目されるのは水産資源保全のための森林への期待である。先にも述べたように，北海道東部において大規模な草地開発が進むとともに，漁業者の水質保全に関わる懸念が増大してきた。このなかで河畔林の破壊などが水産資源の劣化に大きな影響を与えたとして，河畔林の造成や，流木をださない森林管理のあり方が問いかけられるようになった(柳沼，1993)。

2. 森林管理をめぐる新しい動き

以上のような森林の状況の変化や多様な機能への期待を受けて，森林管理をめぐって新たな動きが展開している。

第一は森林政策の対応・転換である。国有林や多くの都道府県有林においては，木材生産機能でなく多面的機能を重視する経営に転換した(図4)。また一般民有林でも多面的機能を重視するような政策がとられるようになるとともに，間伐対策が重視され，さらに近年では林業再生にむけた政策が展開されるようになってきている。

また，過去に失われた自然を積極的に取り戻すことを通じて，生態系の健全性を回復することを目的とする自然再生事業においても，森林再生が取り組まれている(章末のコラム参照)。

①生物多様性保全
遺伝子保全，生物種保全，生態系保全
②地球環境保全
地球温暖化の緩和，地球気候システムの安定化
③土砂災害防止機能/土壌保全機能
表面侵食防止，表層崩壊防止，そのほかの土砂災害防止，土砂流出防止，土壌保全(森林の生産力維持)，そのほかの自然災害防止機能
④水源かん養機能
洪水緩和，水資源貯留，水量調節，水質浄化
⑤快適環境形成機能
気候緩和，大気浄化，快適生活環境形成
⑥保健・レクリエーション機能
療養，保養，レクリエーション
⑦文化機能
景観(ランドスケープ)・風致，学習・教育，芸術，宗教・祭礼，伝統文化，地域の多様性維持(風土形成)
⑧物質生産機能
木材，食糧，肥料，飼料，薬品そのほかの工業原料，緑化材料，観賞用植物，工芸材料

図4 森林の多面的機能(林野庁webページ(http://www.rinya.maff.go.jp/index.html)より作成)

第二にこれまでの森林管理や政策が限られた森林行政関係者や林業関係者によって決められていたのに対して，多様な利害関係者が森林管理に関心をもち，関わるようになり，協働による森林管理の動きも生まれてきた。

2.1　森林管理をめぐる新しい政策展開

国有林・道有林経営の転換

外材輸入によって需給の逼迫は緩和されたが，国内の林業は衰退した。北海道では天然林施業の失敗による資源劣化などにより，大幅に伐採量の削減をせざるをえなくなり，現在，木材生産やその後の植林を積極的に担っているのは一般民有林である。国民や道民の森林の多面的機能発揮への期待の高まりもあって，近年の国有林や道有林の伐採量は低く抑えられており，全体としては多面的機能発揮に重点がおかれるようになっている（図5）。

国有林の森林管理は，前述のように「水土保全林」「森林と人との共生林」「資源の循環利用林」の3つに区分して行われている。このなかでも，資源の循環利用林，つまり木材生産を主目的にした森林の割合は2割程度に低下し，それに対して水土保全林が7割程度を占めている。保安林面積も毎年増加しており，面積割合で86%を占めるにいたっている。一方，道有林ではすべての森林を公益林化し，生産を第一目的から外しており，管理にかかる費用は一般会計から拠出されている。

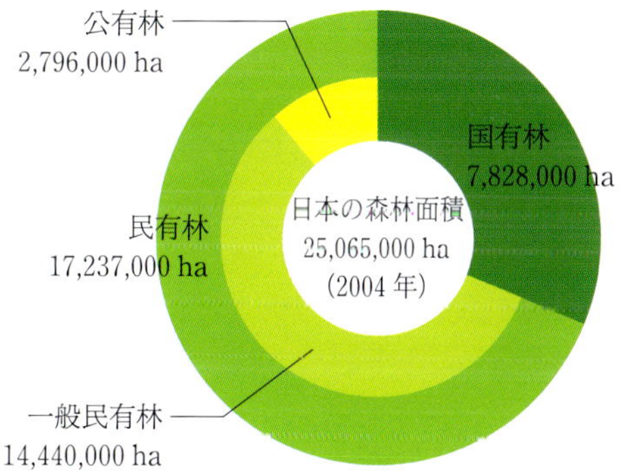

図5　日本の森林所有形態（林野庁，2008より作成）。森林法第2条1項に規定する森林の数値で，森林計画の対象となっている森林である。また林野庁以外が所管する197,000 haも含む。円グラフの数値が日本の森林面積の数値と合わないのは，四捨五入によるためである。

以上のように，国有林や道有林では，多面的機能発揮に重点が移され，木材生産における一般民有林の比重が高まってきた。一方で，中国やインドなど新興国による木材需要が急増し，世界的に木材需給の逼迫が予想されるなか，今後の国内木材需要を賄ううえでの公的森林経営の重要性を指摘する議論がある（表1）。また，生物多様性の保全が叫ばれるなか，天然林を木材資源として利用するのか，保護林として木材生産の対象から外すのかという議論も行われている。

さらにいえば，内閣府に設置されている経済財政諮問会議では，特別会計制度見直しと人件費削減の観点から国有林野事業の抜本的な見直しを求めている。これを受けて，人工林の整備や木材販売などの定型的業務を独立行政法人に移管する方向で検討されている。このような改革のもとで，定員は大幅に縮減される予定であり，行政改革のなかで適切な国有林の管理体制をどう確立していくかも大きな問題である。このように国有林・道有林の経営をめぐってさまざまな課題が山積している（表2）。

表1　中国の木材利用の拡大（FAOのFAOSTATより作成）。単位：1,000 m³

消費量	中国 2003年	中国 2006年	日本 2003年	日本 2006年
製材	18,597	17,508（−1,089）	23,906	21,042（−2,864）
紙・板紙	52,678	60,936（+8,258）	31,566	29,976（−1,590）
パルプ	10,939	12,678（+1,739）	12,741	12,884（+　143）
チップなど	18,604	26,019（+7,415）	22,510	23,445（+　935）

消費量の定義は「生産量＋輸入量－輸出量」である。

表 2　平成 18 年度の国有林野事業の収支(林野庁，2008 より作成)。単位：億円

収入		支出	
林産物などの収入	237	人件費	733
林野などの売払代	99	森林整備費	453
貸付料などの収入	74	事業費	147
一般会計より受け入れ	1,734	利子・償還金	2,354
地方公共団体工事費負担金収入	37	交付金など	56
借入金(借換借入金)	2,086	治山事業費	459
合計	4,268	合計	4,202

図 6　複層林

民有林における多面的機能重視の動きと林業再生

一般民有林においても単一樹種の一斉造林に対する反省などから，多面的機能の発揮が求められるようになった。このため，国や都道府県などの補助体系のなかで複層林(図 6)への誘導や天然林改良が政策的に位置づけられるようになってきた。

さらに 2003 年の森林法改正にともなって，一般民有林に対しても「水土保全林」「森林と人との共生林」「資源の循環利用林」という 3 つのゾーニングを行うこととするとともに，市町村が森林整備計画を策定することとなった。市町村がゾーニングを行いつつ森林のマスタープランをつくる仕組みが整えられたのである。しかし，ゾーニングと実際の森林の機能のつながりは検証されたものではなく，ゾーニングの結果が実際の森林管理に反映されているとはいえない状況である。また，市町村の多くは森林に関わる専門的職員がいないため，計画策定に大きな困難を抱えている。

一般民有林においては，手入れ不足の問題，さらには二酸化炭素吸収源への対策から，間伐対策が大きな課題となっている。このため間伐を積極的に推進するために補助事業が拡充されるとともに，間伐推進のためにさまざまな政策が打たれてきた。さらに近年では人工林が伐期に達しつつあることを受けて，林業再生にむけた取り組みが行われるようになってきている。たとえば，国は新生産システム対策事業を展開し，川上から川下までの連携により，コスト削減・木材の安定供給体制の整備をはかり，林業

の再生を行おうとしているほか，地域レベルでもさまざまな取り組みが行われるようになってきている。以上のようなふたつの動きを実際の森林管理でどのように調和させていくのかがこれからの課題となっている。

都道府県の新たな政策展開

都道府県レベルでは分権化の進展にともない，新たな森林政策の展開がみられるようになってきた。その多くはこれまでの国の政策によって対応できていない地域的課題，特に多面的機能の発揮にむけられたものであった。たとえば神奈川県では，水源の森林整備に関わる政策を展開してきたし，三重県では環境保全林を指定して全額公費による森林整備を進めるなど先駆的取り組みを行ってきた。

近年注目されているのは，森林に関する地方税制度「森林環境税」の導入である(表3)。地方分権化とともに課税自主権が拡大し，ここで注目されたのが森林や水源に絡めた地方財政政策の展開であった。こうした政策を展開する背景としては，森林・水に対する一般市民の関心の高まりとともに，林業の経営条件が悪化するなかで，荒廃したあるいは荒廃が懸念されている森林が多く存在しているということが挙げられる。森林環境税は，広く県民に負担を求めるため，税の制度設計から実際に使う段階まで，県民参加のもとで行うこととされていることが多い。また，どのような用途にどのように使い，どのような効果があったのかについて説明責任を果たすことが強く求められている(古川，2004)。このように，森林環境税は，政策内容の新しさだけではなく，都道府県の政策の立案・実行・評価のプロセスに根本的な見直しを迫ったという点で大きな意義をもっている。

2.2　協働による森林管理への動き

前述のように一般市民の森林への関心が高ま

表3　森林環境税の導入を行っている県(杉本，2009より)

都道府県	名称	施行年	税収(億円)
高知県	森林環境税	2003	1.8
岡山県	おかやま森づくり県民税	2004	4.6
鳥取県	森林環境保全税	2005	1
島根県	島根県水と緑の森づくり税	2005	2
山口県	やまぐち森林づくり県民税	2005	3.8
愛媛県	森林環境税	2005	3.6
熊本県	水とみどりの森づくり税	2005	3.6
鹿児島県	森林環境税	2005	3.8
岩手県	いわての森林づくり県民税	2006	7.1
福島県	森林環境税	2006	10
静岡県	森林づくり県民税	2006	8.4
滋賀県	琵琶湖森林づくり県民税	2006	6
兵庫県	県民緑税	2006	21
奈良県	森林環境税	2006	3.8
大分県	森林環境税	2006	2.9
宮崎県	森林環境税	2006	2
山形県	やまがた緑環境税	2007	6.4
神奈川県	水源環境保全・再生のための個人県民税の超過課税措置	2007	38
富山県	水と緑の森づくり税	2007	3.3
石川県	いしかわ森林環境税	2007	3.6
和歌山県	紀の国森づくり税	2007	2.6
広島県	ひろしまの森づくり県民税	2007	8.1
長崎県	ながさき森林環境税	2007	3.2
秋田県	秋田県水と緑の森づくり税	2008	4.8
茨城県	茨城県森林・湖沼環境税	2008	16
栃木県	とちぎの元気な森づくり県民税	2008	8
長野県	長野県森林づくり県民税	2008	6.8
福岡県	森林環境税	2008	13
佐賀県	佐賀県森林環境税	2008	2.3

るなかで，市民が実際に森林管理に関わる動きが大きくなってきた(柿澤，2007)。

こうした動きは，まず森林ボランティア活動として展開してきた。この活動の高まりを受けて，行政からもこうした活動を支援したり連携する動きが起こり，本書で述べる「協働の森づくり」のための地盤が生まれてきた。「協働の森づくり」とは，研究者や行政機関だけでなく地域住民やNPOなど多様な主体が，実際に森林管理方針の決定，実行，評価に参加できる協働のシステムである。このシステムのもとでは，ワークショップなどを開きながら，どのような多面的機能をどのような管理技術を適用して発揮させるのか，地域住民・NPO・行政機関・研究者が協働のもとで議論し，森林管理のあり方を探っていくこととなる。

今日，市民が自ら森林管理や活動対象地域の地域活性化に関わる，政策提言を行う，あるいは地域材で家を建てる運動を展開するなど，森林管理の主体としての位置を占めるようになってきた。いくつかの自治体では，市民とともに森林管理の方向性を考える森林委員会といった仕組みをつくり始めている。たとえば愛知県豊田市においては，NPOも含めた多様な人々によって森づくり委員会をつくって，森づくりの構想策定から，実際の森林整備のあり方について検討を行っている。

また，上下流連携による森づくりも進んできている。下流域自治体による上流域森林造成・整備に対する費用負担は長い歴史をもっており，たとえば淀川流域では下流自治体が琵琶湖流域における森林造成・整備に対する費用負担を行ってきた。しかし単なる自治体間のお金のやり取り，拡大造林助成という意味合いが強かった。

これに対して，近年，流域のつながりが環境保全や地域づくりの面から注目されるなかで，流域環境の重要な構成要素である森林を協力して適切に管理していかなければならない，という思いを流域住民が共有するようになってきた。その結果，上下流住民が連携しながら森林保全を進める動きが広まりつつあり，たとえば矢作川流域においては，総合的な流域保全と連携した森林保全が住民参加のもとで行われてきている。また，森林ボランティアや地域材住宅についてもこうした枠組みのなかで取り組まれるケースが多くなってきた。

いずれにせよ，森林を市民の共有の財産として位置づけ，これを協働で管理しようという動きが全国各地で活発に展開されるようになってきている。

3. なぜ森林の機能評価なのか
── 動機による4分類

3.1 機能評価を行う動機は何か

以上，機能評価の背景にあると考えられる動きについて述べてきたが，これを「森林の機能評価がなぜ行われるようになったのか」ということと関連させて改めて整理してみたい。背景としては以下の4つが挙げられる。

- 天然林の劣化，人工林の手入れ不足など森林機能の低下が懸念されるようになってきた。
- 森林の木材生産以外の機能への期待が高まるにつれて，その機能をできるだけ正確に把握したい，という状況が生まれた。
- 森林環境税など新たな政策展開をするなかで，行政側が政策効果をはっきり示すこと，すなわち説明責任が求められるようになってきた。
- 市民が森林管理に主体的に関わるなかで，森林の状態を知りたい，という要求がでてきた。また，ゾーニングと実際の森林の機能のつながりを検証し，それを森づくりに活かすべきとの考え方が強くなってきた。

こうしたなかで森林の機能評価が行われるようになってきたといえるだろう。

機能評価を行うようになった具体的な動機は何かという点から，全国で行われている事例を整理すると，①強いられた評価，②説明するための評価，③主張するための評価，④学びと協働のための評価，の４つに区分できると考えられる。以下，それぞれのタイプについて述べていくこととしたい。

強いられた評価

森林が何らかの機能を果たすことを外部から求められ，これにこたえるために機能評価を行うものがこのタイプである。

たとえば，先に述べたように，地球温暖化に関わる国内対策の一環として，日本が削減すべき6%の温室効果ガスのうち3.8%を森林において吸収することが求められた。そこで，森林の二酸化炭素吸収源としての評価が求められることとなった。特に，京都議定書のルールのもとで，どのような森林施業を行うことによってどのくらいの吸収量が見込めるのかを評価することは，吸収源対策を組み立てるうえで不可欠の作業であった。

しかし，そもそも3.8%という数値自体，科学的に導き出された数字ではなく，数字のつじつまあわせとして押しつけられたものである。森林関係者が与り知らないところで決められ，政治的な妥協の産物として求められた機能を果たすために評価を強いられたのである。ただしこれはその後，地球温暖化を森林管理の財源獲得に利用するという動きになってから，後に示すように説明するための評価，主張するための評価へと転化していった。

説明するための評価

新たな政策の導入や，財政資金の獲得をはかる，政策評価を行うといったときに，正当性を説明するために行われるのがこのタイプである。主として行政によって行われる。

たとえば，間伐補助金の増大が必要であることを説明するために，間伐遅れの森林が生物多様性保全や土砂流出で問題を起こしていることを明らかにし，論拠としようとしている。また，先に述べたように二酸化炭素吸収源対策を進めるために，どのような施業を行うとどれだけ森林が二酸化炭素を吸収するかを明らかにして，財源を獲得するということも行われている。国や都道府県の政策評価において，政策や財政投下の正当性を納得してもらうために，森林の機能を説明するということも行われている。

これに関連して，近年，重要なのは森林環境税の導入である。前述のように，新たに税として広く負担を求めるがゆえに，従来とは格段に厳しい説明責任を求められるようになってきている。なぜ税が必要なのかという段階から，税を投入してどのような効果が上がったのかにいたるまで，森林の機能や人間の関与の必要性，その効果を説明することが求められるようになっている。以上のように，行政の説明責任と深く関わって森林機能評価が求められるようになっている。

主張するための評価

このタイプの代表が，ダム建設の阻止のために，森林の洪水防止機能の重要性を喚起するものである。森林の整備や植林によって洪水防止がある程度可能であると主張するために森林の機能評価を行い，その論拠を明らかにする。いわゆる森林を「緑のダム」として評価する考え方である。

また，漁業関係者は「森は海の恋人」として，水産資源保全に果たす森林の重要性を主張した。流域の森林伐採を止め，川の周りの森林造成を促進させるために，水産資源と森林の関係の重要性を喚起した。

このように，森林に関心をもっているが，その関心が政策的に位置づけられない，社会的に認められていないと考える人々が，自らの主張を実現するために機能の評価を行い，これを社会的にアピールしている。市民の運動と結びついた評価ということができる。

学びと協働のための評価

もうひとつは，森林の現状を知りたい，森林のあり方を考える材料を得たい，など学びのための機能評価である。これは幅広い人が森林に関心をもち，森林，あるいは森林に関わる人々・社会に対する知識を深めるという側面をもっている。後の章で紹介する森の健康診断，千年の森づくりなどがその代表的な例といえるだろう。知るということから，多くの場合，知ったことを活かして森づくりに関わるという意志が生まれてくる。

一方，最初から地域の森林づくりを進めるために，地域の森林を知るということを位置づける場合もある。たとえば，森林ボランティアのネットワーク組織である森林づくりフォーラムは，市民による森づくり提言を行っているが，このなかで地域森林管理の第一歩として住民による森林地図づくりを挙げている(内山，2001)。

学んだことをもとに森林づくりに関わることは，学んだことを語る・主張する ── 社会にはたらきかける ── ことを意味し，ここに協働の輪が広がっていく可能性をもっている。上記に述べてきたような主張するため，説明するための機能評価ともオーバーラップすることになる。

3.2　機能評価の意義

以上のようにみてくると，機能評価を行うことの背景には，「他者」の存在がある。狭い林業関係者だけで森林の話をしているだけであれば機能の説明はいらない。「他者」のあらわれ方の違いが，上述のような機能評価の類型に関わってくるといえよう。こうした点で，森林にさまざまな人々が関心をもち，多様な人々とともにそのあり方を考えなければならなくなったということと，表裏一体のものとして機能評価はある。

ただ，今までの多くの評価は，関心がある，問題となっている，あるいは政策化しようとしていることをめぐって行われている。当然のことながら焦点を絞り込んだ ── たとえば洪水防止・二酸化炭素吸収など ── 評価となっており，森林全体を評価するものにはなっていない。底流をなすのはより良い森林をつくりたい，あるいは良い環境をつくりたいという「善意」ではあるが，焦点を絞り込んでいるがゆえに，第一に問題の切り取り方・設定の仕方によって問題の構図が異なってくる，第二に「良い」ということが一義的に定められない以上，別の人間からは「歪んだ」評価とみられる可能性をはらむといった問題を抱えている。

一方で，このことは森林に対する多様な議論を巻き起こすきっかけを与えることも意味している。単なる「森林への思い」だけではなく，具体的な機能の評価が議論の俎上にのぼってくることは，議論を生産的にするためにも，今後の森林管理の具体的あり方を考えるうえでも重要である。

このような点を踏まえたうえで次章では，森林の評価に関わる全国各地の具体例を紹介する。それぞれ，評価の主体，背景，動機はさまざまであるが，新たに評価の主体となってきた市民の躍動ぶりがきわだっていることが読者におわかりいただけると思う。第3章以降で中心的に取り上げる北海道の森林機能評価は，北海道の水産林務部が一般公開しているものである。こちらについては，評価の仕方とともに，2年間にわたり地域で機能評価を実証してきたその道程と結果もあわせて詳しく紹介したい。

釧路湿原達古武沼流域における再生事業

達古武（たっこぶ）地域は，釧路湿原の東部に位置する達古武沼を中心とするエリアである。湿原・湖沼・河川・丘陵地といった要素が比較的小規模な集水域のなかにまとまってあり，将来，釧路湿原全体の再生プランを考えるうえでひとつの良いモデルケースとなりうる地域である。今日では，丘陵地帯は農地開発こそ少ないものの，高頻度の伐採による疎林・伐採跡地，戦後の拡大造林による針葉樹人工林，土砂採取場などの荒廃地などが広範囲に存在し，土壌侵食にともなう細粒土砂の流出と達古武沼への堆積も顕著になってきている。また湿原の一部の農地開発や河道の直線化も進んでおり，湿原へ直接的な影響を与えている。このような状況から環境省は，特に水源林の荒廃に対する対策を検討するために，すでにトラスト運動により保護地の取得と広葉樹林の再生をめざして活動しているNPO法人トラストサルン釧路と協働で，自然環境調査および森林再生の試行事業に着手した。

自然再生事業に対する大きな懸念のひとつに，再生事業の内容・対象エリアが行政主導で恣意的に決定されるのではないかというものがある。いわゆる「縦割り行政」によって実施対象地域に制約があったり，事業が重複したりするといったことや，ハードウェア整備を誘導するための地域選択が行われるといった問題点である。本地域の再生事業では，これらの社会的条件による再生事業の歪曲を行わないように，湿原に影響を与えうる全範囲である集水域を単位として，さまざまな自然環境情報の収集を行い，このデータをもとに明確に定義したルールに基づく再生対象地域の抽出を行った。この作業は再生事業の実施候補地の選定としての理由づけを客観化するもので，市民参加も含めた計画の検証において重要なものである。

本地域の集水域約42 km^{2}を対象として，①優先的に保全すべき自然植生，②湿原ならびに湖沼生態系に影響を与えている可能性のある非自然林植生，③土砂流出の可能性がある貧植生の3つをGIS解析により抽出した。ここで用いたGISデータは，先に紹介した湿原全域対象の自然環境情報をベースとして利用し，解析の主対象である植生区分図および林相区分図（樹木サイズとうっ閉度によりカテゴリー化）については，空中写真の判読と現地調査結果に基づいて新たに作成した。

再生事業のための3つの植生抽出は，GIS上で条件を設定し，①については，過去の自然林と同様な組成をもち比較的成熟した林分と残存する湿原・湿地林を抽出した。②については，人工林・若齢疎林・二次草原などの非自然林のうち，湿原植生に近い位置にあるパッチを抽出した。また③については裸地・作業道・伐採跡地などの無植生地と，それに隣接するような幼齢造林地・農地・二次草原のうち，傾斜が急で沢や湿原植生に近いパッチを抽出した。

以上の抽出結果をまとめると図1のようになる。①で抽出された区域は全域の43.3%にあたる1,822 haで，これらは貴重な生態系というほど質が高いわけではないが，現状を維持することが望ましく，今後は社会条件なども考慮しながら，できる限り改変行為を避けて現状を保全する方向で検討している。②の区域は全域の13.1%にあたる550 haで，これらは今後人工林については樹種転換，二次草原や耕作放棄地については植林・湿原再生といった再生事業の対象とすることが求められる。③の区域は全域の6.4%にあたる269 haで，これらは土砂流出を防止するための植栽などの対象とすることが求められる。

自然林の再生は，木材生産や景観保持ではなく生態系の回復を基準とするため，そのような目標の設定と達成状況の予測・評価が重要である。目標となる過去の森林については，現在原生的な森林がほとんど残存していない。

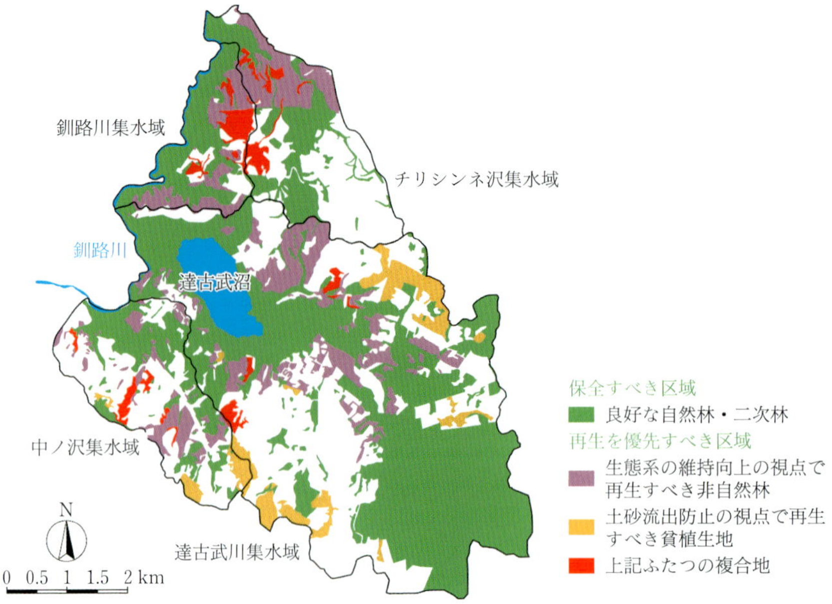

図 1　保全すべき区域と再生すべき区域の抽出

図 2　手本となった自然林

このため GIS データと過去の文献情報に基づいて検討した結果，南部に隣接する泥岩地質には針広混交林が成立していたが，集水域内のほとんどを占める火山灰土にはミズナラを主とする落葉樹林が広がっていたと推察できた。そこでこれらの林相に近い林分を現地調査した結果，丘陵地ではミズナラを主とする林分，沢ぞいではハルニレを主とする林分(ほかにもヤチダモ，ハンノキを含む)で比較的樹木サイズの大きいものが流域に分散して存在することが明らかになった。こうした林分は，いわば手本となる林分(reference)であり(図 2)，各再生箇所に近い場所の目標林相となる。再生過程を評価するための生態的指標としては，

図3　育苗のようす

樹種組成，樹木サイズ，萌芽率，枯死木量，林床植生，稚樹・実生密度，森林性動物の種組成・密度などを考えている。

自然林の再生にあたっては，植林を前提とせずに自然の回復力を最大限に活かす手法を優先的に検討して，①かきおこし後の天然更新による樹林化が期待できる場所，②環境圧(被食圧や乾燥など)を緩和することによって樹林化が期待できる場所，③人為的に前生林を造成することで樹林化が促進できる場所，④下刈りや緑化基礎工など管理の徹底した植林によらなければ復元が難しい場所，などに区分して実施している。

具体的な手法については，「湿原生態系に影響を与えている非自然林植生」，「土砂流出の可能性がある貧植生」の双方で抽出された箇所における調査によって，検討している。樹林化の状況と成長量の阻害要因(気象条件・土壌条件・ササによる阻害・動物被食による阻害)の調査，植栽試験による検証で，釧路湿原のほかの地域でも活用できる再生技術をめざしている。

さらに遺伝的攪乱を防ぐ目的から，できる限り地元で採取された種子を用いて育苗している(図3)。また，採種，播種，育苗，植栽，調査などの作業をNPOを軸とした市民参加と地域の連携・協力のもとに試験的に実施している。　(中村太士)

第2章
森林機能評価をめぐる全国各地の取り組み

この章では，森林機能評価に関わる試みとして，全国のなかでも先進的な取り組みをしているふたつの事例を紹介したい。初めに紹介する愛知県矢作川流域の取り組み「森の健康診断」では，第１章で述べた放置された人工林について，市民と研究者が協働し，現地調査する動きが広まっている。ここでは活動にいたった背景とその内容を紹介したい。また次に紹介する徳島県上勝町の取り組み「千年の森づくり」は，第１章で述べた都道府県レベルの分権化にともなう新たな森林政策の展開事例のひとつである。ここでは，徳島県の生態系ネットワーク指針にそった形で，市民と研究者が協働し，スギ人工林の伐採跡地に自然林を復元する試みが実施されている。その経緯と具体的な計画や実践方法について紹介したい。

1. 森の健康診断 ── 市民と研究者の協働による人工林調査の取り組み

1.1 はじめに

矢作川流域のあらまし

矢作川(図1)は長野県の大川入山(標高1,908 m)に源を発し，長野，岐阜，愛知の３県を流れ，三河湾に注ぐ中規模の一級河川で，本流の

図１　矢作川流域(蔵治ほか，2006)

長さは117 km，流域面積は1,830 km^{2}である。流域人口は推定130万人にのぼる。中〜下流部は一大農業・工業地帯であり，農業・工業・上水道用水と電力を供給するため，河口から34〜80 km地点までのわずか46 kmの区間に7つのダムが建設されており，河川利用率は平均40%以上と全国有数の値になっている。

流域の森林率は約7割だが，そのおよそ半分がスギやヒノキなどの人工林である。こうした人工林は1960年代以降の拡大造林期に急速に拡大した。1960〜2000年にかけて，矢作川上流域の森林面積はそれほど変化していないが，内訳をみると針葉樹人工林は約1.5倍に増え，逆に広葉樹天然林の面積は約3割減少した。材価は上昇を続け，1980年ごろピークを迎えたが，その後は外材との価格競争に敗れ，国内の林業は立ち行かなくなった。そのため，人工林の大部分で間伐などの管理が行われなくなり，林の荒廃による土砂災害の危険や緑のダム機能の低下が懸念されるようになった。

上流と下流の交流・連携

矢作川には住民による流域の環境保全活動の長い歴史がある。そのひとつが1969年に農業団体，漁業団体，自治体などの19団体によって設立された「矢作川沿岸水質保全対策協議会(以下，矢水協)」である。水質パトロールや濁水をもたらす開発行為の監視を進めた矢水協の活動は「矢作川方式」と名付けられ，流域住民主体の環境保護の先進事例となっている。

もうひとつが上下流の連携による水源林の整備であり，その歴史は1908年の，農業水利団体明治用水による上流域の植林に遡る。1970年代以降は，

- 下流の市町村の出資(矢作川水源基金)による上流の水源林整備
- 下流の安城市と上流の根羽村が協力して水源林を整備し伐採時の利益を共有する「矢作川水源の森」事業
- 豊田市が水道水使用量1トン当たり1円を水道料金に加算して上流域の森林を整備する「矢作川水道水源保全基金」の創設

など多様な形の水源林の整備が進められた。こうした流域住民の活動の歴史が，矢水協の生んだ「流域は一つ。運命共同体」という言葉に象徴されている。

1.2　森の健康診断の誕生

矢作川流域では，行政主導型の森林ボランティア活動の行きづまりや2000年の東海豪雨災害後の市民の森林に対する関心の高まりを受け，2000年代にはいって複数の森林ボランティア団体が民間で設立された。2002年に東海農政局が流域の森林所有者1,000人を対象としたアンケートを行ったところ，半数近い所有者が「自分の山を森林ボランティアに使わせてもよい」と考えていることがわかり，森林ボランティアたちを元気づける結果となった。

2004年，流域の5つのボランティア団体が共同して「矢作川水系森林ボランティア委員会(以下，矢森協)」を設立した。矢森協のおもな活動目的は，山に関心の薄れた森林所有者たちに山仕事の楽しさを「感染」させて，いっしょに山仕事を進めることだったが，このメイン事業とは別に，発足当初から市民参加型の放置人工林実態調査の構想があった。それが「森の健康診断」である。

「楽しくて，少しためになる」── 参加者が楽しく行え，しかも科学的なデータが得られる市民参加の大規模な人工林調査の趣旨に賛同した流域の森林研究者が，「森の研究者グループ」を立ち上げた。矢森協と研究者グループは実行委員会を立ち上げ，半年以上の時間をかけて，調査の「易しさ」「楽しさ」と「科学性」に折り合いをつけることをめざし話し合いを重ねた。また全国どの流域でも応用できるように，調査地点の設置にあたっては，全国どこでも誰でも簡単に手にはいる国土地理院の1/25,000地形図を使うことにし，調査器具のほとんどを100円ショップ製品で揃えた。

2005年6月4日に第1回「矢作川森の健康診断」が実施された。2006年，2007年の6月

第1土曜日に第2回，第3回が実施され，3年間で延べ790人が参加した。今後は2014年まで続けられる予定である。

1.3　森の健康診断の手法

森の健康診断の調査チームは5〜9人で，リーダー(森林ボランティアまたは専門家)，自然観察サポーター(植物などの名前に詳しい人)，地元サポーター(地元の事情に詳しい人)，一般参加者によって構成される。調査地点は1/25,000地図を5×5分割した約2 km四方の格子の中心点に位置する人工林で，1チームが1日に2地点程度を調査する。

森の健康診断は植物の調査(植生調査)と林の混み具合の調査から成り立っている(図2)。植生の調査は植栽木以外の植物や立地，表層土壌を対象として5×5 mの四角い調査区内(方形枠内)で行われる。調査項目は標高，斜面の方位と傾斜角，樹高1.3 m以上の植栽木以外の木の胸高直径，樹木の種類数(種数)と植物が地表

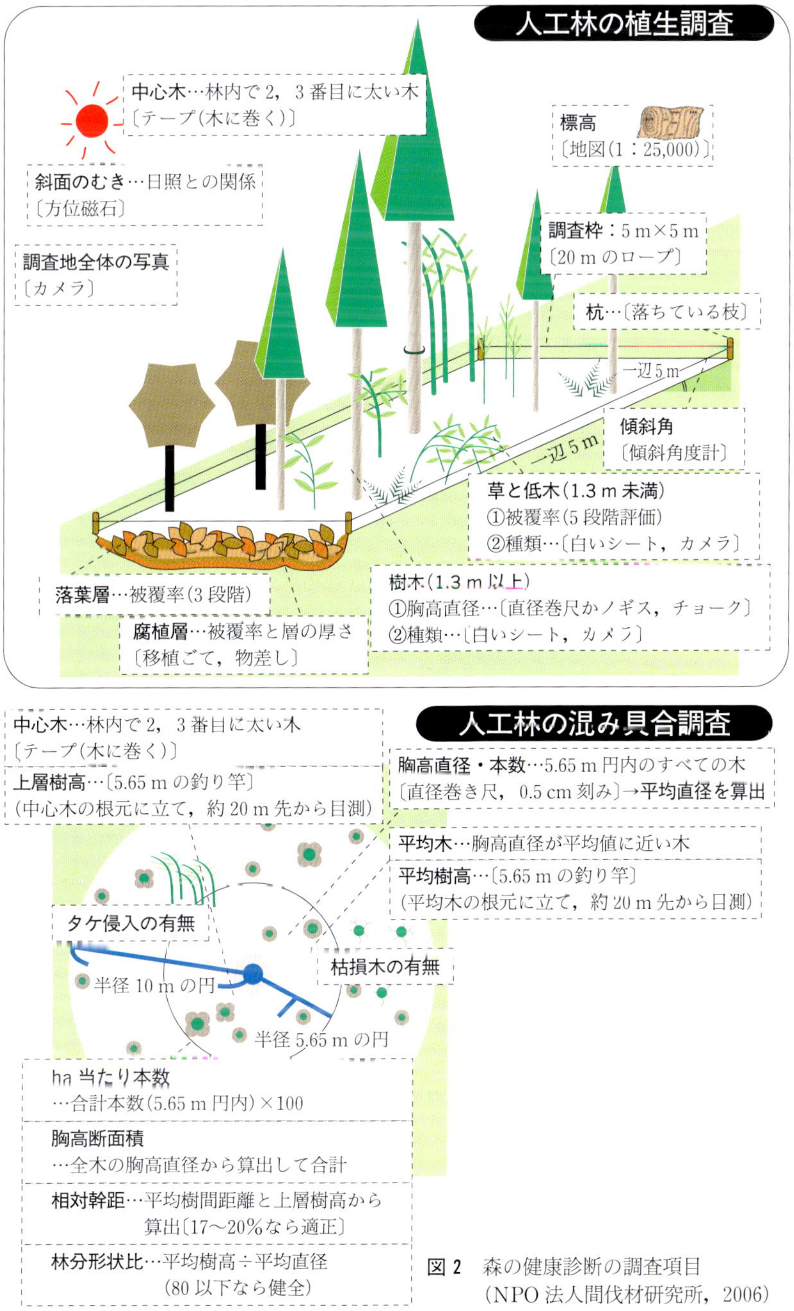

図2　森の健康診断の調査項目
(NPO法人間伐材研究所，2006)

図 3　植生調査(葉を並べて種数を数える)

図 4　混み具合調査(竿を回した円内で植栽木のサイズ測定)

面を被っている割合(植被率)，草本植物の種数と植被率(図 3)，落葉層と腐植層の被覆率である(前者は 3 段階，後者は 5 段階評価)。林の混み具合調査は植栽木を対象として 100 m² の円内で行われる(図 4)。円内すべての植栽木の胸高直径と上層樹高を測定し，胸高断面積，樹高と本数密度の比である相対幹距，幹直径と樹高の比である形状比を求め，林の混み具合を評価する。

1.4　森の健康診断 ── 3 年間の成果

2005～2007 年のあいだに，愛知県豊田市とその上流の 3 県 5 市町村(長野県平谷村，根羽村，岐阜県恵那市，愛知県設楽町，豊田市)の 224 地点が森の健康診断の対象地となった。木曽ヒノキの産地を含むため，全地点の約 6 割がヒノキ林で，スギ林と混交林(ほとんどがヒノキとスギの混交林)がそれぞれ 2 割弱を占めていた。カラマツ林は 3% で，最上流の平谷村だけに分布していた。

ヒノキ林とスギ林，両者の混交林の胸高断面積合計の平均値は 51 m²/ha で，過密とされる胸高断面積 50 m²/ha 以上の林の割合は 5 割弱だった。相対幹距は平均 16.0 で，相対幹距 17 未満の過密な林の割合は 6 割強だった。林分形状比の平均値はおよそ 85 で，林分形状比 80 以上の過密な林の割合は全体の 5 割強だった。胸高断面積合計，相対幹距，林分形状比から総合的に判断すると，ヒノキ・スギ林の 5～6 割が現時点で間伐の必要な，過密な林だった。ヒノキ林とスギ林を比べると，ヒノキ林はスギ林より植栽木の密度が高く(約 1.5 倍)，胸高直径と上層樹高が小さい傾向があった。カラマツ林の植栽木密度はヒノキ・スギ林の半分程度で，樹木のサイズはヒノキやスギの林の値と同程度だったが，本数密度が低いために胸高断面積合計がヒノキ・スギ林の6割程度と低かった。相対幹距から判断した過密な林の割合は1/3だった。

ヒノキ林とスギ林，両者の混交林では全地点の4割に植栽木以外の樹木が混交しており，草本層の平均被覆率は27.9%，平均種数は17.4種だった。ヒノキ・スギ林で落葉層が「まだら」の林は全体の24%，「ある」とされた林は74%だった。腐植層が「ある」とされた林は全体の93%に達していた。ヒノキ林とスギ林を比べると，ヒノキ林よりもスギ林で草本層と落葉層の被覆率が高いことがわかった。カラマツ林はヒノキ・スギ林と比べて植栽木以外の樹木と混じりあう率が高く(100%)，本数・種数とも多かった。草本層の被覆率もヒノキ・スギ林より高かったが，これはササ類が多いためで，植物種数は少なかった。

一方，植栽木の密度が上がるとほかの樹種が混じりあう比率や草本層が地表面を被う割合，さらに植物の種類数が下がり(図5，6)，それにともなって落葉層と腐植層の被覆面積が下がることがわかった。森のなかの光環境は，植栽木の大きさではなく混み具合によって変化し，林内が暗くなるとほかの植物がはいってきたり，成長したりすることが抑えられるため，落葉層と腐植層の面積率が下がると推測された。一方で，標高が上がると上層樹高が下がり，相対幹距や林分形状比で過密な林が減るとともに，草

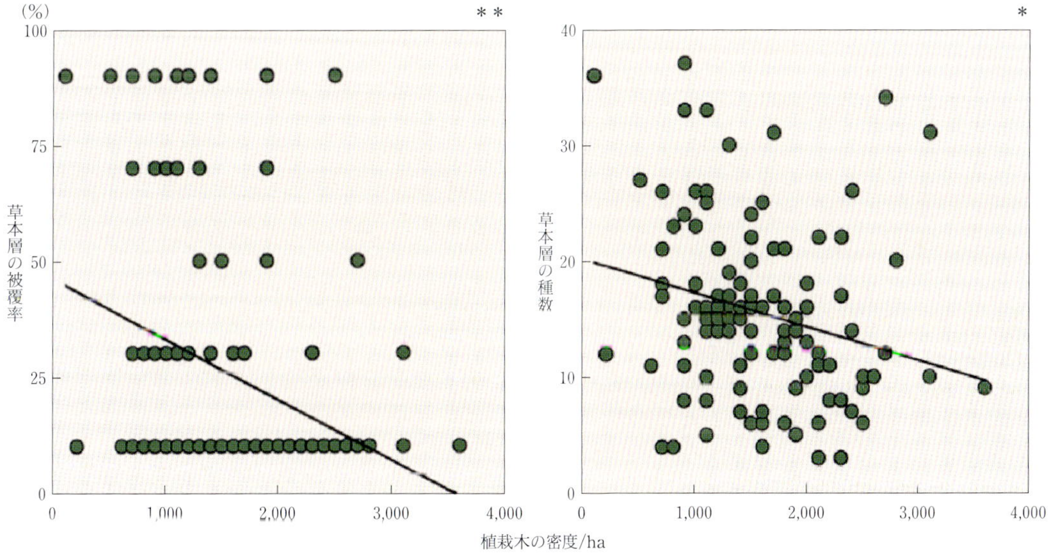

図5　植栽木の密度と草本層(洲崎ほか，2008)。*5%水準，**1%水準で統計的に係数が0でないことを示す。

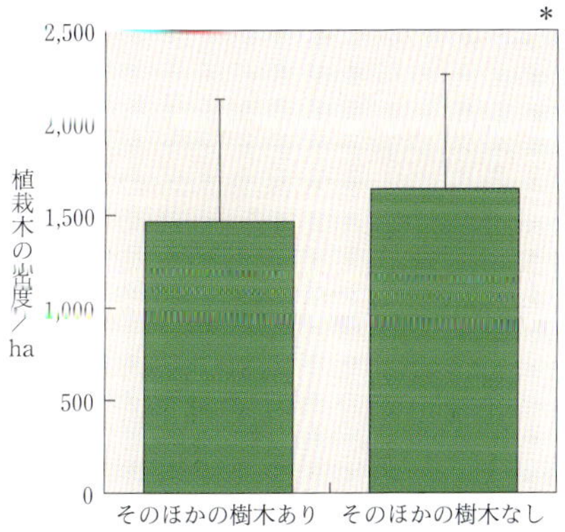

図6　植栽木の密度とそのほかの樹木の有無(洲崎ほか，2008)
*5%水準で統計的に有意差があることを示す。

本層の種類数も減少することがわかった。これは標高が上がると気温が下がり，樹高が伸びず，生育できる植物が減少するためであると思われた。

1.5　森の応援団づくりをめざして

森の健康診断が一般的な森林調査と大きく異なるのは，関わる人々の多様さである(図7)。森の健康診断は市民が森林に親しみ，自身で森林を評価し，森林の問題を体感する場を提供し，山林に関心の薄れた森林所有者たちの注意を喚起し，森林の問題について市民・行政・研究者それぞれの果たすべき役割を自覚させてくれる。中〜下流域の都市住民が，上流の山林の荒廃とそこに住む人々が抱える問題に気づき，自分に何ができるか考え，そのことを周囲の人々と語り合う。こうしたことが森林の荒廃に歯止めをかけ，流域で生産される木材の利用を広げることにつながると考える。これを我々は「森の応援団づくり」と呼んでいる。全国各地に，森の応援団が広がることが，協働の森づくりを進めるうえでも重要である。

2.　千年の森づくり ── 生態学的計画から森づくり・地域づくりへの展開

2.1　はじめに

徳島県は勝浦郡上勝町において「高丸山千年の森づくり事業」を進めており，そのなかで，次に述べる方針のもと，スギ植林の伐採跡地に自然林の再生を行おうとしている(図8)。

- 徳島県が「とくしまビオトープ・プラン」(徳島県，2002年)のなかで示した，県土全域を対象とした生態系ネットワークの再生方針と合致するものとする。
- 地形に適した樹種を見つけだし，伐採跡地に植栽するため，残存している自然林および植栽予定の伐採跡地で植物の調査および地形分類を行う。
- 遺伝子レベルでの攪乱を防ぐため，植栽予定地周辺に現在生育している樹種以外は植栽しない。
- そのためのタネの採取，苗木づくりは，地域住民の有志によりつくられた苗木生産組合により行う。

こうした方針のもと実施された「千年の森づくり事業」は，現在29の県民ボランティアグループによって苗木が植えられており，地元林

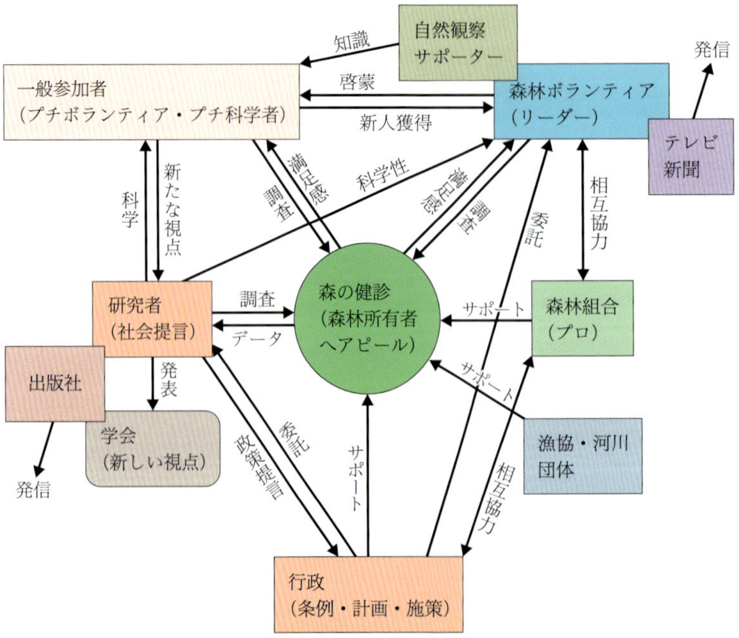

図7　森の健康診断に関わる人々(蔵治ほか，2006)

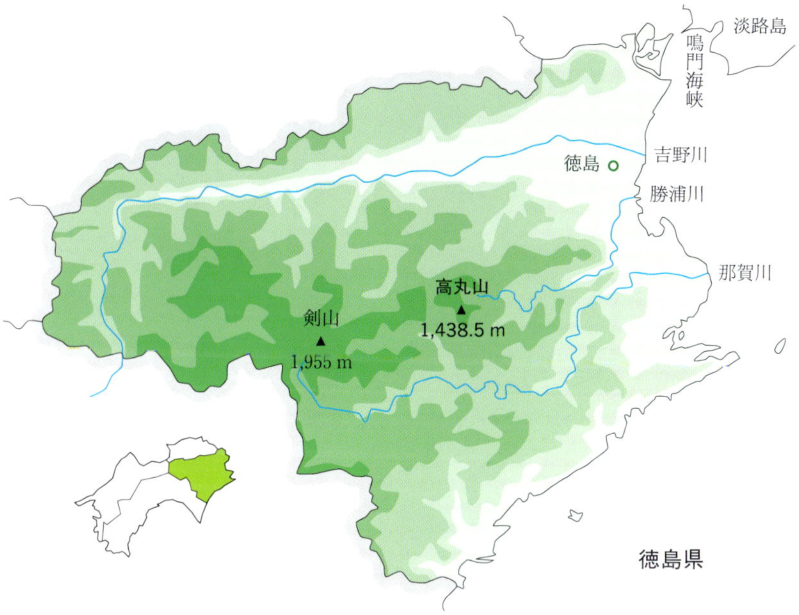

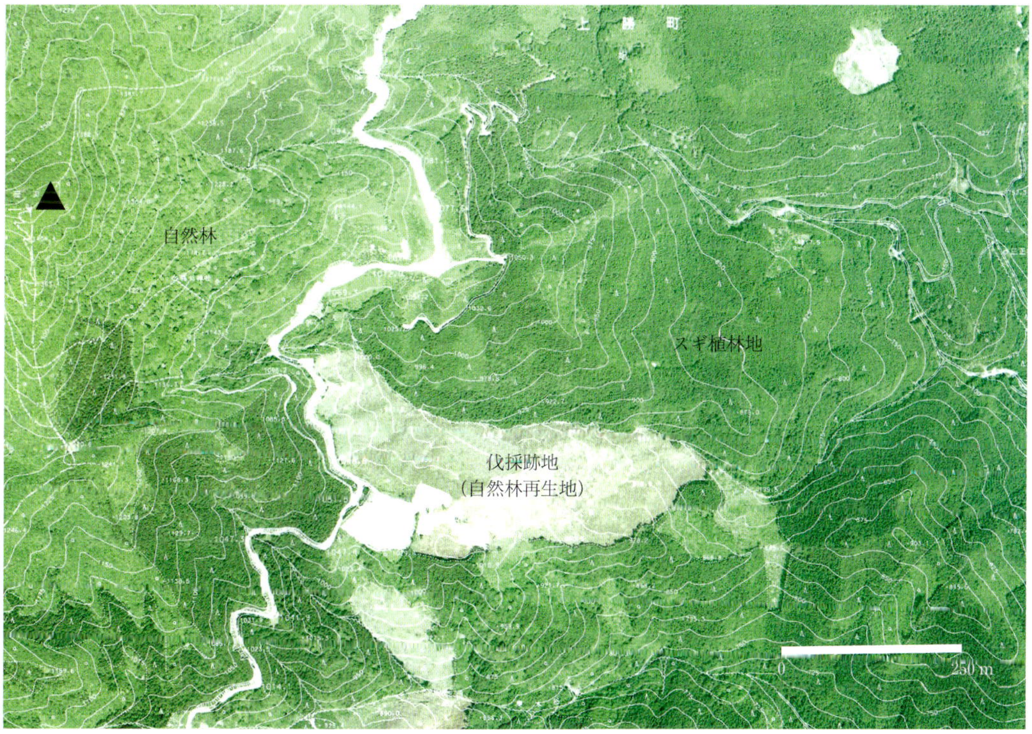

図8 「高丸山千年の森づくり」事業地

業関係者，森林ボランティアなどの連携によって組織された「かみかつ里山倶楽部」が指定管理者となって，運営を行っている。

2.2　森づくりの計画

再生の目標となる森林を明確にし，生態学的な考え方に基づく植栽樹種の選び方，それをどこに配置するかなどの検討は，次のような流れで行われた。まず植栽予定地において，植生を復元できるかどうかを把握する。次に再生の手本となる自然林，ならびに植栽地の樹種の分布と地形とのつながりを把握する。最後に，植栽樹種の選定および植栽予定地のゾーニングを行い，各ゾーンでの植栽密度を決めた。

これは，植栽後の事後調査(モニタリング)を通じて，その仮説や目標とした森の姿が妥当であるかどうかを評価するために，次のような仮説に基づいて提案されたものである。

- それぞれの樹種は異なった立地に成育し，その場所に適した更新特性をもっている。
- その立地の特徴は地形によって異なっており，手本となる森林(参照林)からその特徴を見出し，植栽樹種として選定することができる。
- 植栽予定地の立地に基づいた植栽計画を立てることにより，自立的に維持される群落を復元することができる。

伐採跡地で自然林は復元できるか

伐採跡地での植生復元が可能であるかどうかについては，次のような方法で評価した。まず，自然林との境から伐採跡地内にむかって自然に散布されるタネ(飛来種子)と，土に埋もれているタネ(埋土種子)の種類と量を把握し，自然のタネによる回復の可能性について検討した。さらに，植生調査を実施し，伐採後の植生回復の現状を把握した。その結果，ヨグソミネバリに関しては自然林に近い区域では比較的多くのタネが飛んでくるものの，ほかの樹種や自然林から離れた区域では，飛来種子はほとんどないことがわかった。埋土種子もほとんどなかった。

また斜面は，自然の回復を妨げるスズタケに被われていた。地上部はシロモジやコバンノキなどの低木が茂っているものの，自然林回復に重要な高木になる樹種については，ほとんど生育していなかった。これらのことから，特に林冠を形成する樹種を植栽によって補うことが，効率的な自然林再生につながると結論づけた。

手本となる自然林(参照林)の調査

参照林として，植栽予定地の近くの斜面および尾根上に残っている自然林を選定した。斜面の林では，渓流から斜面上部まで，さまざまな森林が含まれるように，胸高直径 4 cm 以上の樹木について大きさや樹種を調査し，枯死木を含むすべての個体の位置および標高，胸高直径，樹高を測定した。

地形は，斜面のなかでの位置および傾斜角によって区分可能であり，谷(Ⅰ)，谷壁(Ⅱ)，斜面(Ⅲ)，尾根(Ⅳ)の 4 つに区分した。すると，それぞれの地形単位と生育している植物種との対応関係が認められた。すなわち，谷や谷壁ではチドリノキ，ヒナウチワカエデ，イタヤカエデなどのカエデ類が，斜面中部ではブナが，斜面上部ではヨグソミネバリが優占していた(図9)。尾根ではツガが優占して林冠を形成し，林冠下にはシキミおよびアセビが多く出現した。スズタケは，斜面下部から上部の林床で優占し，谷や谷壁，尾根ではほとんど出現しなかった。

伐採跡地(植栽予定地)の植物と地形の関係

伐採跡地内の 30 か所で植生調査を行った結果，比較的湿潤な環境を好む植物からなるタイプⅠとⅡの群落，コハウチワカエデ(参照林内では谷壁から斜面に出現する種)で特徴づけられるタイプⅢとⅣの群落，シキミ(参照林内では尾根に出現する種)で特徴づけられるタイプⅤの群落が認められた。タイプⅣおよびⅤの群落は，アオハダ(参照林内では斜面下部から上部に広く出現する種)でも特徴づけられた。また，タイプⅢ，Ⅳ，Ⅴの群落は，リョウブ(参照林内では谷壁から斜面上部にかけて出現する種)が出現した。

このように，伐採跡地でも地形に対応した植物群落が認められ，それら群落の構成する種には，参照した自然林との共通性が認められた。

どんな樹種をどこに植えるか

以上の検討結果を踏まえて，伐採跡地に植栽する樹種は，伐採跡地周辺の自然林に生育している種であり，復元目標とする森林の骨格をなす高木になる樹木とした。低木になる樹木については，高木になる樹木の成長とともに，あるいは成長後に自然にはいってくる状況に任せることにした。そのため，まずは参照した自然林内のそれぞれの地形単位で，代表する(胸高幹断面積の大きい)樹種を選定し植栽することとした(図 10)。

どの程度の本数を植えれば良いかについては，

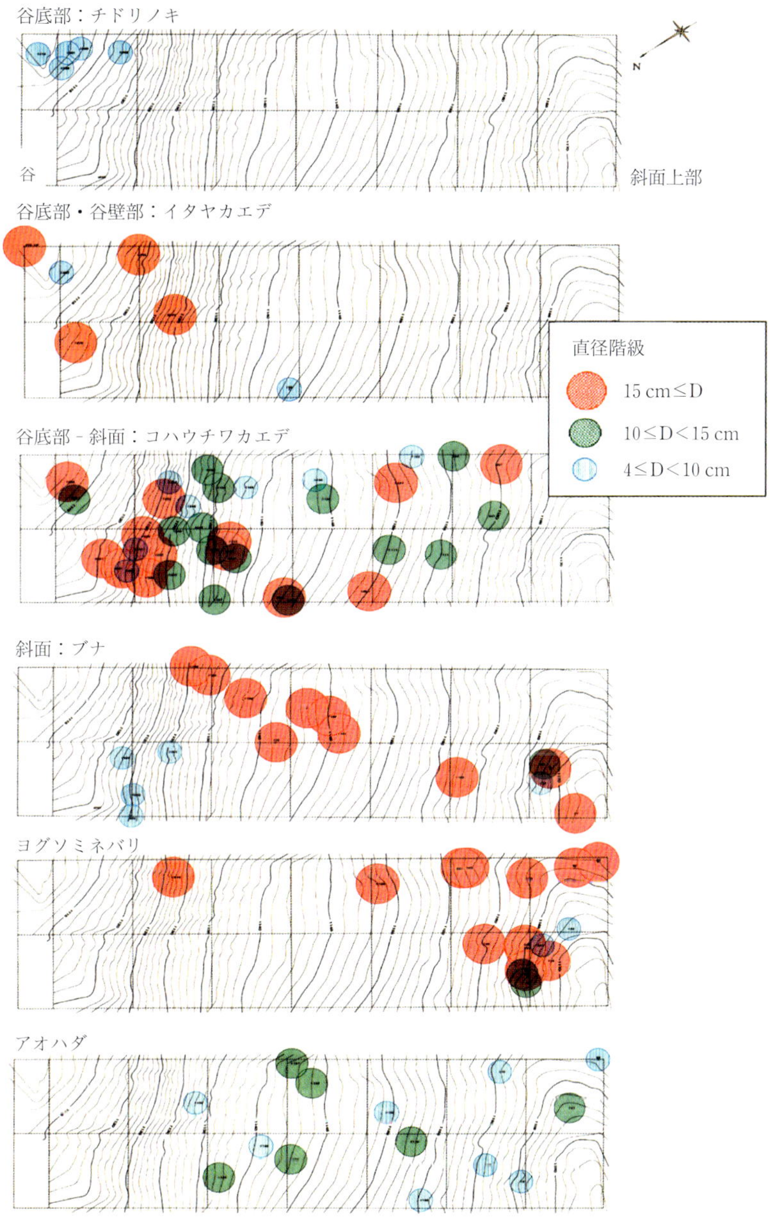

図9　参照した白林内における樹種の分布(Kamada, 2005)

根拠になるような資料がなかったので，他所で実施されている広葉樹施業での経験的な判断に基づき，以下のように決定した。

・すべての地形単位において，植栽する樹木の総計を4,500本/haとすること。

・特に優占する樹種をもたない谷および谷壁では，植栽される樹種の本数がなるべく均等になるように配分して植栽すること。

・また斜面では，ブナの本数を3,000本/haとし，それ以外の樹種をなるべく均等な密度となるように植栽すること。

・尾根ではツガおよびモミの本数がそれぞれ1,500本/haとなるように植栽すること。

2.3　森づくりの実施 — 苗木生産

苗木は，上勝町内の林家によって組織された上勝広葉樹苗木生産組合が主体となって生産されてきた。育苗にあたっては，それぞれの樹種の特性がわからないので，試行錯誤を繰り返しながら進んでいった。また，ここではコンテナを用いて苗を育てるよう指導されていたが，生産者としてはそれ自体が初めての試みであり，うまく育てることができるか不安を抱えながらスタートした。そのため，育苗の状況を確認す

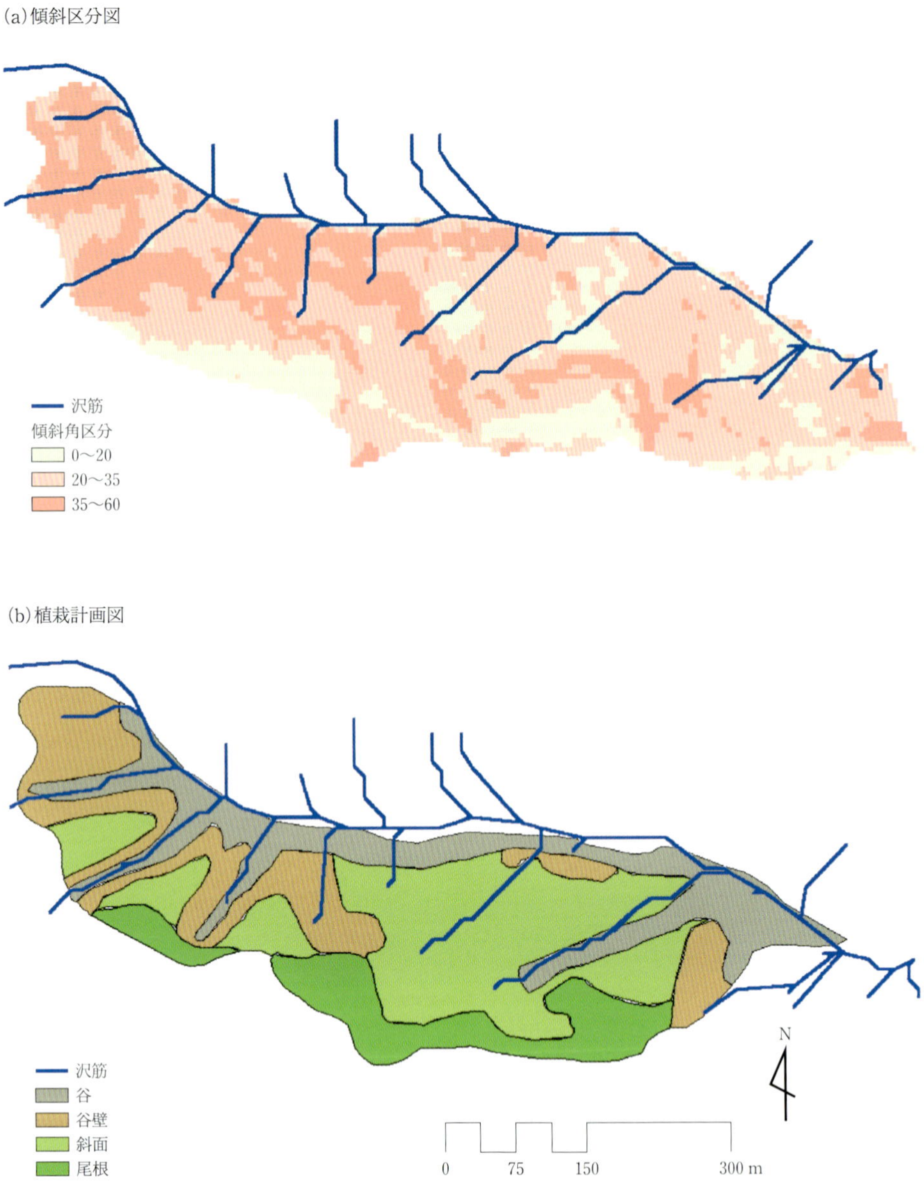

図 10　伐採跡地の地形区分に基づく植栽配置計画(Kamada, 2005 より)

るために，専門家を招いて助言を得ながら進められた。また，コンテナでうまく育成できなかったときのことを考え，苗畑での生産もあわせて行われた(図 11)。

このようにして生産された苗木が，森づくりに使用されている。そして，事業地の一部での植栽や下草刈りなどは，応募してきた 29 の県民・団体に任され，森づくりが実施されている。

2.4　森づくりを実施するうえでの問題点

植栽された樹種と密度

植栽途中で調査した結果，谷および谷壁には，ケヤキが計画された以上に多く植栽される一方で，ほかの種については計画された本数には足りていないことが明らかとなった。また斜面では，将来の林冠をつくるブナが不足している一方で，キハダやヨグソミネバリの植栽本数は計画本数に達していること，尾根では，同じく将来の林冠をつくるモミやツガが不足する一方で，ヨグソミネバリやヒメシャラの植栽本数は十分であることがわかった。さらにそれぞれの区画で，少数ではあるが，当初の植栽計画にはない種が植えられていたことも明らかとなった。

植栽の実施にいたる情報の流れ

このような計画との食い違いの原因を探るた

図 11　地域住民らによる種子採取，コンテナへの植えつけ，育苗

め，植栽計画が策定され，植えつけられるまでのあいだにどのような情報がどのように伝達されたのか，苗の育成，出荷などの過程でどのような問題があったのかなどについて，事業担当者へのインタビューを行った。

「千年の森づくり事業」での苗木生産に関わる発注は，県の林業振興課と農林事務所が担当していた。発注の際，苗木生産組合には，樹種の指定はあったものの，樹種別の必要本数については明確な指示がないままであった。組合としてはどれくらいの量を採取してよいのかわからず，タネの採取が容易で，育苗も簡単な樹種，たとえば，ケヤキやヨグソミネバリといった苗木を多く生産することとなった。このことが，計画樹種および密度と，実際に植栽された樹種および密度とのズレを生じさせた。

植えつけは苗木の生産状況に応じて行い，ブナなど苗木を準備するのに時間のかかるものは，苗ができた段階で適宜植えつけるという方針となっていた。しかし，結果としてこのような不整合が生じたのは，林業技術者でもある発注者側が植栽地を早く森として育成させることを期待したためであった。この考え方については，いずれ時間がたてば森は育つと考えている生態学研究者とのあいだにもズレがあった。また，生産してしまった苗は無駄にすることはできないという心情もあり，計画と異なった植栽につながった面もあったようである。こうした林業技術者の「想いやり」自体を否定することはできないが，そのため，植栽計画にそった密度での植えつけが行えない結果も引き起こしていた。現在，計画とのズレを小さくしていくために，斜面で計画を上回って植えられている樹種を間引きし，ブナを植えていくことが検討されている。

2.5　森づくりから地域づくりへ

── 指定管理者制度を用いた事業の運営

「高丸山千年の森」は，2006年度から指定管理者「かみかつ里山倶楽部」によって運営されるようになった(指定管理者制度については，章末のコラム参照)。「かみかつ里山倶楽部」は，おもに上勝町内で活動してきた12グループが連携して組織された任意団体で，地元の林業ボランティアグループ，第三セクター，NPOなどの，いずれも千年の森づくり事業に関わってきていたメンバーによって構成されている。「かみかつ里山倶楽部」では，12団体がそれぞれの持ち味を活かして，「森づくり」，「参加交流」，「環境教育」に関する行事を企画・実行している。地域住民らが指定管理者となって森づくりを行っていこうとするこの試みは，全国的にも新しいものであろう。

指定管理者にいたるまでの道のり

「高丸山千年の森」でこうした枠組みでの管理運営が行われるようになったのは，決して偶然ではなく，事業の計画段階から実施にいたるまでのあいだに，その利活用を考えるための「しかけ」が行われていたからである。

そのきっかけとなったのは，2001年度に開催された「千年の森ワークショップ」であった。ここでは，後に「千年の森ふれあい館」と呼ばれるようになる，森づくりの活動拠点のあり方が検討された。事業主体である県は，当初，そこを千年の森の活動や，周辺の自然を紹介するための展示施設にしようと考えていた。これに対して，ワークショップメンバーであったまちづくりの専門家から，固定された展示物を見せる施設としてではなく，事業地や周辺の地域資源の利活用を考え続けていくための集会所的，あるいはサロン的な役割をもつ施設にするべきであるとの考え方が提案され，それが採用されることとなった。結果として，この施設は，事務スペースを除くほとんどをオープンスペースとすることにし，検討の場として利用していくことが決められた。

このような方針のもと，2002〜2003年度には，「千年の森」を核とした活動のあり方を検討するためのワークショップ「千年の森活動プログラム検討会」が，10回程度，開催された(図12)。

このワークショップでは，地域住民，学校教育関係者，研究者，行攻担当者らが，森づくり検討部会，環境教育検討部会，参加交流検討部会に分かれて利活用の方法を検討し，最終的には総計40に及ぶ活動プログラムが提案された(表1)。

2004年度に「千年の森」がオープンした以降には，このワークショップに参加したメンバーを中心に形成された「千年の森ガイドクラブ」によってプログラムの検討が続けられ，また，提案された活動プログラムのいくつかが「千年の森ふれあい館」の主催行事，あるいは，メンバーによる独自行事として実施されてきた。

図12　千年の森の利活用を考えるためのワークショップ

「千年の森活動プログラム検討会」で地域住民から提案された活動プログラムは，千年の森の事業地内に留まるものではなかった。地域住民としては，それを核として，町内でそれぞれに取り組んできている「まちづくり」活動に連動させていきたいという想いがあったからである。

2001年度以降のワークショップの運営は，高い技術と熱意をもったまちづくり専門家によって行われてきた。ワークショップ参加者が「やってみたいと思っていること」を十分に引き出し，形にし，そして合意形成を行っていくうえで，まちづくり専門家は非常に大きな役割を果たした。

検討会後，2004年度に「千年の森」がオープンした当初は，県の外郭団体が運営を任されていた。その担当者は，千年の森をとおして地域が「まちづくり」活動に取り組みたいという意向と，県の担当課の思惑との狭間に立ち，ずいぶんと苦労したようだ。一方，ワークショップに参加してきた地域住民は，住民の想いを理解しない県の態度に対して不満をもっていた。そのような葛藤を解消するためには地域住民自らで運営していく必要があるとの想いが高まり，それが，指定管理者をめざすきっかけとなった。

2005年度に，ワークショップに参加してきたメンバーが中心となって「かみかつ里山倶楽部」が組織され，2006年度から指定管理者として「千年の森」を運営するようになった。指

表1　ワークショップで提案された活動プログラム(花岡ほか，2003)

1	森ができるまで!!　調査	21	宝探しゲーム
2	山でしてはいけないこと調べ	22	タネを探そう！
3	けもの道マップづくり	23	千年の森プログラムヒアリング
4	環境教育指導者育成プログラム	24	高丸山と棚田デジカメ講習で本を出版
5	湧き水調査	25	わたしの木の育ち
6	巨木を求めてテクテクツアー	26	山野草，キノコを食する会
7	高丸山祭りスタッフ体験	27	間伐材の温もりをわが家に　親子工作教室
8	時代の餅づくり食べ比べ体験	28	癒し塾
9	樹木の里親体験活動	29	親子でイタダキマス
10	森の女神(山の神)の任命	30	木工クラフト教室(おし花)
11	メモリアルツリーの設置	31	里山体感ツアー
12	キノコの森づくりプログラム	32	ヤッホー調査隊ツアー
13	来館(来山)ノートの設置	33	間伐材工作，指導者養成
14	森の達人の決定	34	石積みボランティア
15	わさび田遊山(ゆさん)	35	高丸山共生体感
16	小枝，樹皮，ツルなどの細工	36	高丸山植物特別調査
17	森の創作劇プログラム	37	七輪陶芸
18	丸太からつくる手づくり本棚	38	シカウォッチング
19	本の出版	39	森の語り部
20	先人の知恵，再発見！	40	子どもによる子どものための体験プログラムづくり

定管理者をめざしての「かみかつ里山倶楽部」の組織化は，県に促されて行われたものではなく，ワークショップ参加メンバーの自発的な意思によって行われた。それが可能であったのは，地域住民が自らで利活用案を策定してきたこと，そしてそれをとおして，事業地が地域活性のため地域資源として役立ちうるとの認識が形成されたからである。

2.6　おわりに

住民参加型の森づくりでは，多様な利害関係者の参加と合意に基づく順応的管理が求められるが，「かみかつ里山倶楽部」は，その仕組みを内包した組織になっているといえる。2006年度は，「千年の森ふれあい館」の常勤スタッフを事務局として，月1回程度の頻度で「かみかつ里山倶楽部」の構成メンバーからなる「里山倶楽部会議」が開催され，森づくりや行事の開催をはじめとする運営方針が議論され，意思決定されてきている。そして，「森づくり部会」，「参加交流部会」，「環境教育部会」の3部会が，それぞれに役割を担いつつ運営している(http://www.1000nen.biz-awa.jp/)。ここで実施される行事は，上勝町での街を活性化するためのさまざまな活動と連動している。それが可能なのは，地域住民が管理を担っているからこそである。

指定管理者制度の可能性

本文においても指定管理者制度を活用した取り組みを紹介したが，ここでは指定管理者とはどういう制度なのか，この制度はどのような可能性をもっているのかについて，北海道内の事例を紹介しながら述べてみたい。

指定管理者制度は，2003年の地方自治法改正にともなって創設された仕組みである。これ以前は，地方自治体の「公の施設」(住民の福祉を増進する目的をもってその利用に供するための施設で，公民館・市民会館や教育文化施設，公園などが含まれる)の管理を行えるのは，公共性確保の観点から，市の出資法人や公共的団体などに限られていた。指定管理者制度の導入によって企業・NPO・ボランティア団体などに管理運営を委ねることを可能とし，多様化する住民ニーズに効果的・効率的に対応して住民サービスの向上と経費の節減などをはかろうとしたのである。

すでに全国各地で指定管理者が導入され，成果を上げつつも，経費削減といった効率改善に重きがおかれすぎている，また特に公募で行われる場合などは長期的視点で取り組むことができないといった問題点も指摘されている。

一方で，指定管理者制度を利用することによって森林や自然に関わる新たな取り組みを展開しているところもある。北海道から代表的なふたつの事例を紹介しよう。

まず第一は，霧多布湿原センター(図1，2)とその指定管理者である霧多布湿原トラストである。霧多布湿原は釧路支庁管内浜中町にあり，ラムサール条約にも指定されている。この湿原の保全活動が始まったのは1980年代半ばのことで，新規移住者と地元在住民とがいっしょになって「霧多布湿原ファンクラブ」を結成し，地主から湿原を借り上げるなどして湿原の保全をはかるとともに，湿原保全と地域活性化を結びつける試みに取り組んできた。さらに2000年には「霧多布湿原トラスト」としてNPO法人化し，湿原の買い取りを行うなど新たな保全活動を展開するとともに，独自のインフォーメーションセンターを建設して活動の拠点とし，幅広い人を運動に巻き込んできた。

湿原への関心の高まり，上記の湿原保全活動の展開を受けて，町も湿原を核にした地域

図1　霧多布湿原

図 2　霧多布湿原センター

振興を基本方針として掲げるようになり，湿原保全のための土地の買い上げを行っていったほか，1993 年には町営ビジターセンターとしての霧多布湿原センターを建設した。センターの運営には湿原保全に関わってきた人々も加わり，センターを拠点として湿原や周辺地域を対象としたエコツアーや環境教育を活発に展開していったが，2005 年にはトラストが湿原センターの指定管理者となり，センターとトラストがより密接に連携した活動を展開するようになった。

ここでトラストは単にセンターの管理だけではなく，地域づくりのさまざまな取り組みを進めていることが大きな特徴となっている。浜中町は海岸部の漁業地帯と内陸部の酪農地帯に分かれ，相互の交流が少ない状況にあるが，湿原センターが両者の中間に位置しているという地の利を活かして，湿原・漁業・酪農業を結びつけつつまちづくりを進めようとしている。たとえばセンターがツーリズム受け入れの窓口となることで湿原のエコツーリズム・酪農家が行うグリーンツーリズム・漁業者が行うマリンツーリズムの連携をはかったり，地域で取れた食材を地域の人々が料理して提供しあうワンデイシェフを毎月行うなど地域連携の形成を意識した取り組みを行ってきているのである(図 3)。また，農協は過剰な草地開発への反省から，河畔などに植林を行って緑の回廊をつくっていく取り組みや，湿地を復元する取り組みなどを行っているが，湿原センターが専門的な知識をもってマスタープランの作成を支援するなど，さまざまな協力関係を構築してきている。

もうひとつの事例は，登別市の自然体験支援施設である登別市ネイチャーセンターとその指定管理者である「モモンガくらぶ」である。登別市では，鉱山地区の利用についての検討を市民参加によって 1990 年代に始めた。このなかで，ネイチャーセンターを発足させるという目標が参加者のあいだで共有されるようになり，2002 年には市の施設としてネイチャーセンター「ふぉれすと鉱山」が発足した。

ネイチャーセンター発足にむけた議論を進めるなかで地域のさまざまな団体によって「市民懇話会」が組織されたが，さらに「ふぉれすと鉱山」の発足にともない，この活動を支援するために市民こん談会を基礎に「モモンガくらぶ」が設立された。当初はボランティアとして「ふぉれすと鉱山」の活動サポートにあたったが，しだいに自然体験などさまざまな事業を主催するようになり，さらに事業を展開するための人材養成制度も展開してきた。このように行政との協働で

図3　ワンデイシェフのようす(霧多布湿原センター提供)

図4　「ふぉれすと鉱山」の森のようちえんのようす

「ふぉれすと鉱山」に関わる活動を展開してきたが，指定管理者制度の導入が予定されるようになると，「モモンガくらぶ」は指定管理者になることを目標にすえ，事務局体制の強化を進めるとともに，2005年にはNPO法人を獲得するに至った。NPOとして発足したばかりで財政基盤の不安定を指摘する声もあったが，議会や会員の応援もあり，2006年には非公募で「モモンガくらぶ」が指定管理者に選定された。

「モモンガくらぶ」の活動は大きくは指定管理者以前から行ってきた自主的なボランティア事業のほかに，「ふぉれすと鉱山」の委託事業，まちづくりを支援する事業，地域の市民団体のネットワークを進める事業の4つからなる。指定管理者としての委託事業については，人材育成，子ども・大人それぞれへの自然体験の提供などのほか，地域の植生・歴史などの調査や環境保全活動など多岐にわたっている(図4)。また，まちづくりやネットワークの形成も視野にいれて活動を行っていることも特徴であり，先にみた霧多布の取り組みと共通性がある。このように指定管理者となって活動拠点を確保し，またスタッフを強化したことで，活動の幅を広げ，活動内容を豊かにすることができたのである。また，こうした活動を支えているのは数多くのボランティアの人々であり，活動の発展とそれを支える人の輪の広がりがともに進んでいるのである。

以上のふたつの指定管理者の活動に共通するのは，第一に指定管理の対象となる施設やそれに関連する活動に以前から深く関わってきたということであり，第二にその活動は地域に深く根ざしているということであり，第三に指定管理者になってからも単に効率化ということだけではなく，指定管理者以前からもっていた目標を維持し，さらにそれを広げるために地域とともに地域のための活動を展開していることである。

このように指定管理者制度は，その施設への思いをもち，地域の人々と協働を積み重ねてきた組織があって初めて機能するもので，そうした組織は指定管理者になることをきっかけにその活動をさらに大きく発展させることができるのである。（柿澤宏昭）

第3章
北海道の森林の機能評価
── その考え方と方法 ──

この章では，本書で詳しく取り上げる北海道森林機能評価基準について，その成立の過程と概要について述べたい。実際の評価結果に関しては第5章で触れる。

1. 北海道森林機能評価基準ができるまで

1.1 機能評価基準作成の背景

2002年3月北海道において，都道府県の森林づくりの方向性を総合的に定める初めての条例である「北海道森林づくり条例」が制定された。そのなかで「森林の多面的機能を持続的に発揮させる」，「北海道民，森林所有者，事業者及び北海道庁の適切な役割分担による協働の森林づくりを進める」という，北海道の将来にむけた森づくりの方向性が示された。

ここで問題となったのが，「森林の多面的機能」という言葉が，一般市民にとって大変にわかりづらいものだということである。確かに森林には多面的機能が存在しているが，それらをすべて一般市民が認識しているとは限らない。土砂災害が起こりやすい地域に住んでいる人々にとって，森林の土砂崩壊防止機能はきわめて重要な機能であるが，災害が生じる可能性が少ない地域に住んでいる人々には，その重要性は認識されていないかもしれない。また森林には防霧機能もあるが，もしかすると都市で生まれ育った人々は，森林にそのような機能があることを認識していないかもしれない。まず森林には，水資源を守る，災害を防ぐ，野生動物を育むなどさまざまなはたらきがあること，それらの機能を同時に発揮していることを理解してもらう必要がある。

加えて重要なことは，森林は木々が茂ってさえいれば，どんな状態でも構わないわけではないということを理解してもらうことである。「森林のはたらきは，どんな状態の森林であっても同じ」とはいえないのである。たとえば長らく手入れのされなかった人工林と，手入れの行き届いた人工林では「土砂災害を防ぐはたらき」は異なるかもしれない。森林として存在しているということだけで，多面的な機能にすべてに100点満点は与えられないのである。

このような背景から，一般市民にも森林のさまざまなはたらきをわかりやすく解説するとともに，その現在の状況 ── たとえば，目の前にある森林は，現在100点満点で計算すると何点がつけられるのか ── を示せるようなツールが求められたのである。もしそのようなツールができれば，「今，この森の○○機能はどのくらいの水準にあるのか？」，「どうすればもっとより良くなるのか？」，「そのために我々には何ができるのか？」という方向で，協働の森林づくりを進めていく議論の出発点とできるからである。

このような背景から，北海道庁は森林の機能を評価する基準を作成することとなった。第1章で述べられた「動機による分類」に従うと，北海道森林機能評価基準は「説明のための評価」から出発したことになるだろう。

1.2 森林機能評価ができるまで

北海道庁内での原案作成

2002年6月，北海道庁職員から有志を募り，森林機能評価基準作成プロジェクトが設置された。プロジェクトの構成メンバーは25名で，国土保全・水源かん養班，生活環境保全班，生態系保全・文化創造班の3つのワーキンググループに分かれ，2003年3月に評価基準のプロジェクト案を作成した。最初の森林機能評価基準には，水土保全機能，生活環境保全機能，生態系保全機能，文化創造機能の4機能が含まれており，後に加わった木材生産機能はこの時点では含まれていなかった。

プロジェクトが作成した案をもとに，果たしてそれが使いやすいか，あるいは問題点がないかを確かめるため，2003年に北海道有林(以下「道有林」)においてケーススタディを行った。道有林は北海道内に13か所存在する「森づくりセンター」が管理しており，森づくりセンター職員は実際に評価を行うとともに，さまざまな意見や問題点を報告した。これらの課題についてさらに検討を進め，12月には北海道庁内の水産林務部のほか，自然環境の保全などに関わる環境生活部，河川の管理などに関わる建設部との意見交換会を開催して修正し，2004年3月に原案としてまとめられた。

パブリックコメントから公表へ

原案の段階で，この評価基準は初めて北海道庁の外からの意見を聞くこととなった。学識経験者や関係団体からの意見を受け，さらに修正を加えて作成された森林機能評価基準(道案)に対して，5月6〜31日までの約1か月間，一般道民からのパブリックコメント(意見募集)が行われた。パブリックコメントとは，公的機関が規則や計画などを制定しようとするときに，広く公に意見や改善案を求める手続きのことである。パブリックコメントでは，基準をわかりやすく解説した概要版も作成し，ホームページへの掲載や北海道庁，出先機関での配布のほか，森づくりセンターでは地域住民などが集まるさまざまな機会に周知を行った。その結果，北海道庁がこれまでに実施してきたパブリックコメントとしては異例の多さである計785名から意見を得ることができ，関係者を驚かせた。

提出された意見の内容を見ると，森林のもつ機能や基準の目的，評価手法，結果の表現方法について，8割以上が「よくわかる」または「だいたいわかる」と答えており，おおむね理解されていたものの，「難しい表現でわかりにくい」，「木材生産機能を追加すべき」などの意見も寄せられた。そこで，文章表現や内容に修正を加えるとともに，地域住民の使用も考慮して，データの入手しやすさ，調査の簡便性などにも配慮を行った。

2004年6月，森林に関わる誰でも自由に使うことのできる，北海道の「森林機能評価基準」として一般公開された。森林機能評価基準の本文のほか，関連する資料や作成までに寄せられた道民からの意見も含め，北海道の以下のホームページにて公表されている(http://www.pref.hokkaido.lg.jp/sr/srk/hyouka/index.htm)。

道民からの意見を受けて，2004年10月，木材生産機能の評価基準を作成するための検討チームが設置され，林業試験場と森林計画課，道有林課の職員が検討することとなった。2005年3月には原案を作成し，道有林でのケーススタディを経て，6月から学識経験者や関係団体からの意見聴取を行った。木材生産機能については，森林所有者や事業者など木材生産に直接関わる人や研究者が多く，具体的な意見が多く寄せられた。これらの意見を反映させ，2006年1月に基準が決定，公表された。

2. 機能評価の概要

北海道の森林機能評価基準では，森林の多面的機能のうち，以下の5つを評価の対象としている(図1)。

- 水土保全機能
- 生活環境保全機能
- 生態系保全機能
- 文化創造機能
- 木材生産機能

評価基準の作成にあたって，それぞれの機能が十分に発揮されている，いわば満点の森林の状態を「めざす(森林の)姿」として設定し，評価結果は「めざす姿に対して今の森林は果たしてどのくらいの水準か？」という比較であらわ

森林のもつ「さまざまな“はたらき”」

○水と土を守るはたらき

山崩れを防ぐ，雨水を柔らかく受け止めて川に流れ出る量を調整する，地中でゆっくり濾過（ろか）し，養分を溶かした水を川に流す，などのはたらき

○人の暮らしを守るはたらき

我々の住居や田畑などを，強風や吹雪，砂，霧から守るはたらき

○我々の暮らしを支える木材を供給するはたらき

住宅部材，家具，食器など日常生活で利用する木材を供給するはたらき

○野生の生き物の棲みかとしてのはたらき

猛禽（もうきん）類などの大型野生鳥獣から微生物にいたるまで多くの野生の生き物と生き物たちが棲んでいる環境を育むはたらき

○人の心を豊かにし，文化をはぐくむはたらき

我々の心と身体を休める場，レクリエーションの場，美しく雄大な優れた景観，などを我々に与えてくれるはたらき

この“ものさし”を作った目的

森林のもつ「さまざまな“はたらき”」を道民にわかりやすく説明して，森林に対する理解を深め，道民との協働による森林づくり*を進めることにあります。

*「道民との協働による森林づくり」とは，「北海道森林づくり条例」第３条の基本理念のひとつです

第３条　３　森林づくりは，道民，森林所有者，事業者および道の適切な役割分担による協働により推進されなければならない。

どんな特徴があるの？

○現在の森林をめざす森林の姿と比較して，点数や段階で評価！

○できるだけ短い時間で，科学的に，簡単に，評価できます！

図１　森林機能評価基準の概要（北海道庁，2005 作成。北海道 web ページ（www.pref.hokkaido.lg.jp/sr/srk/hyouka/index.htm）より）

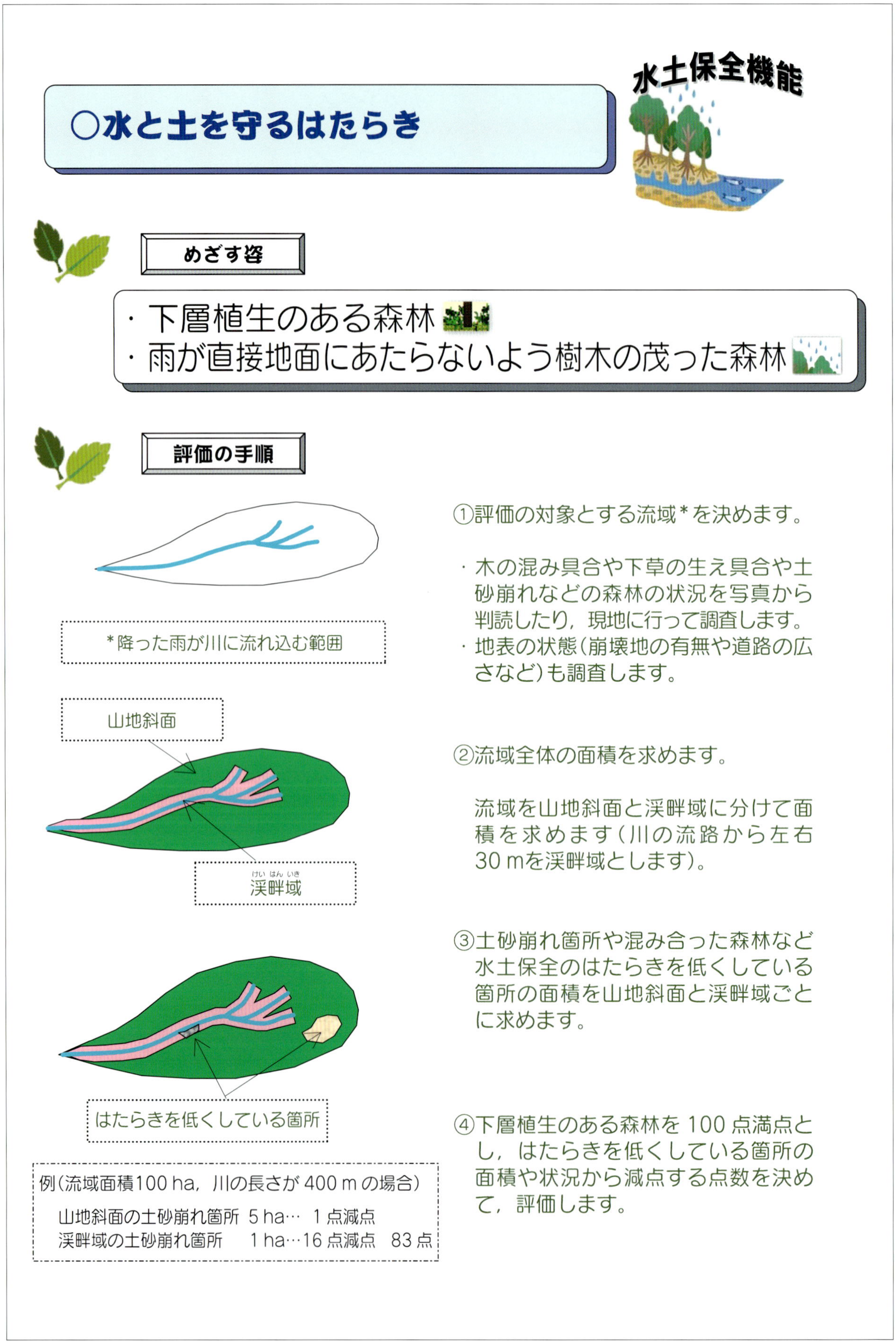

水土保全機能
○水と土を守るはたらき
めざす姿
・下層植生のある森林
・雨が直接地面にあたらないよう樹木の茂った森林
評価の手順
＊降った雨が川に流れ込む範囲
山地斜面
渓畔域
はたらきを低くしている箇所
例（流域面積100 ha，川の長さが 400 m の場合）
山地斜面の土砂崩れ箇所 5 ha… 1 点減点
渓畔域の土砂崩れ箇所 1 ha…16 点減点 83 点
①評価の対象とする流域＊を決めます。
・木の混み具合や下草の生え具合や土砂崩れなどの森林の状況を写真から判読したり，現地に行って調査します。
・地表の状態（崩壊地の有無や道路の広さなど）も調査します。
②流域全体の面積を求めます。
流域を山地斜面と渓畔域に分けて面積を求めます（川の流路から左右30 mを渓畔域とします）。
③土砂崩れ箇所や混み合った森林など水土保全のはたらきを低くしている箇所の面積を山地斜面と渓畔域ごとに求めます。
④下層植生のある森林を 100 点満点とし，はたらきを低くしている箇所の面積や状況から減点する点数を決めて，評価します。

図 2　森林機能評価基準(1)　水土保全機能（出典は図 1 に同じ）

生活環境保全機能

○人の暮らしを守るはたらき

○二酸化炭素吸収・貯蔵機能

「めざす姿」と「評価の手順」

旺盛な成長のある森林（吸収機能），蓄積の高い森林（貯蔵機能）

（1）二酸化炭素吸収機能

①森林の状況を調査します。
・木の種類，新たに増えた体積（成長量）
②針葉樹と広葉樹に分け，成長量に係数を乗じ，吸収する炭素量を評価します。

（2）二酸化炭素貯蔵機能

①森林の状況を調査します。
・木の種類，現在の体積（蓄積）
②吸収機能と同じく，蓄積に係数を乗じ評価します。

○防風機能

「めざす姿」と「評価の手順」

地域に適した木による，風を防ぐ効果が大きい健全な森林

①森林の状況を調査します。
木の種類，木の高さ，太さ，森林の幅
・魚眼レンズを用いて，葉の茂っている部分（樹冠）の閉じ具合の写真を撮ります。
②風を防ぐ最大距離を100点として，樹冠の閉じ具合や森林の幅により，現在の風を防ぐ距離をだして点数をだします。
③木の高さ，太さ，木の種類の適性によって補正した点数で評価します。

《樹冠の閉じ具合》

このほか，飛砂防止機能，防潮機能，防霧機能の基準があります。

図 3　森林機能評価基準(2)　生活環境保全機能（出典は図 1 に同じ）

生態系保全機能

野生の生き物の棲みかとしてのはたらき

めざす姿

・希少な種が生息・生育できる森林
・野生の生き物にとって重要な環境要素が保たれている森林
・外来種の影響がなく，人手が加わらない本来の自然植生に近い森林
・さまざまな樹種や林齢の森林がモザイクのように並び，連続している森林

評価の手順

(1) 森林が今どんな状態にあるか，森林のなかにどんな種類の野生生物が棲んでいるかを調査し，3つの観点から評価します。

http://rdb.hokkaido-ies.go.jp/

①希少な動植物が棲んでいるか（希少性）
…1種でも確認されれば「高い」，それ以外は「確認されず」とする

②多くの種類の動植物が棲んでいるか（多様性）
「動物」→ 確認された野鳥のなかに指標種（16種）が何種いるかで4段階評価
「植物」→ 木が何種生えているか，草が何種生えているかで評価

〈指標種〉
ゴジュウカラ・ツツドリ・コゲラ・キビタキなど16種

③人手が加わらない本来の自然が保たれているか（自然性）
植生のタイプにより4段階評価

原生林は「高い」，市街地の植生は「低い」など

(2) 3つの評価のうち，もっとも高い評価を導きます。

(3) 最後に，重要な環境要素（幹に穴の開いた木，枯れた木，倒木など）や，その森林の周辺環境などを考慮して，最終的な評価とします。

図4　森林機能評価基準(3)　生態系保全機能（出典は図1に同じ）

人の心を豊かにし，文化を育むはたらき

めざす姿

利用者の満足度の高い森林

評価の手順

①その森林のもつ「個性」を調査します。

評価軸	固有性，自然性，郷土性， 傑出性，眺望性 （それぞれ３点満点で評価）

・固有性 → そこにしかない固有の要素
・自然性 → 自然を感じさせる要素
・郷土性 → 古い時代からの継承された要素
・傑出性 → 観光資源として傑出した要素
・眺望性 → 多くの人の目につきやすい性質

☆人が短期的につくりだすことの難しい性質を評価の対象としています。

②「個性」を５つの性質ごとに得点化します。

区分	得点（例）
固有性	1
郷土性	1
眺望性	3
傑出性	3
自然性	1

③レーダーチャート化します。

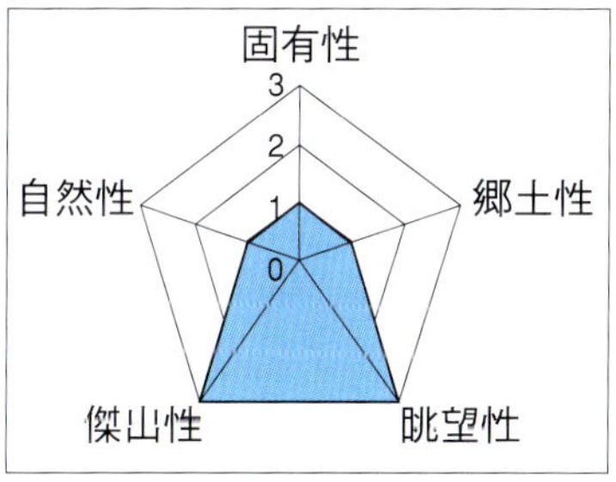

④レーダーチャートの形から，５つの型のどれかに当てはめ，総合評価とします。

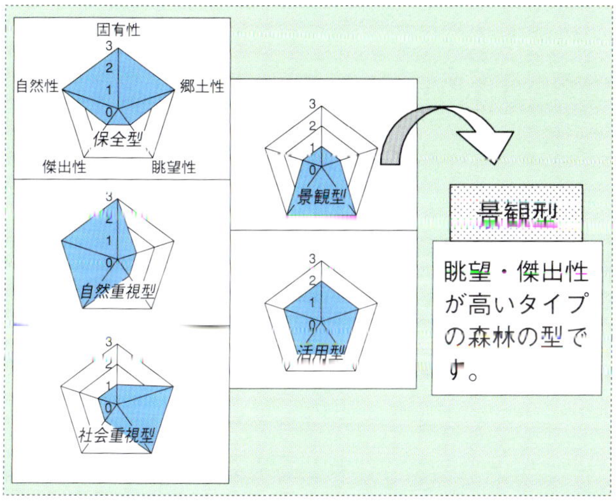

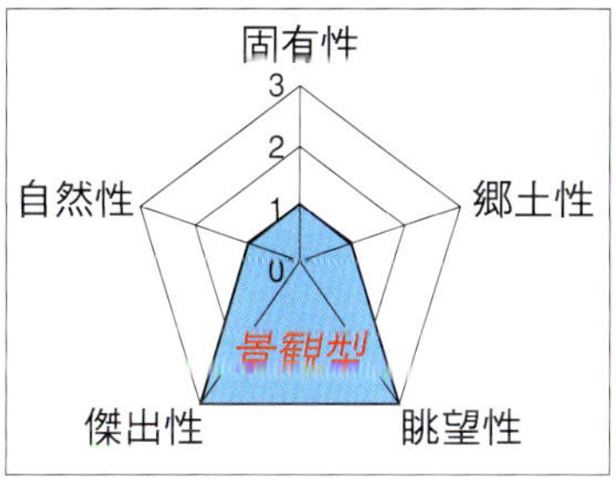

外から見た森林の美しさを活かした利用にむいています。魅力的な観光資源にも恵まれ，スキーやキャンプ，体験型活動などが想定されます。

図５　森林機能評価基準(4)　文化創造機能（出典は図１に同じ）

我々の暮らしを支える木材を供給するはたらき

木材生産機能

めざす姿

良質の木材を効率的に産出できる健全な森林

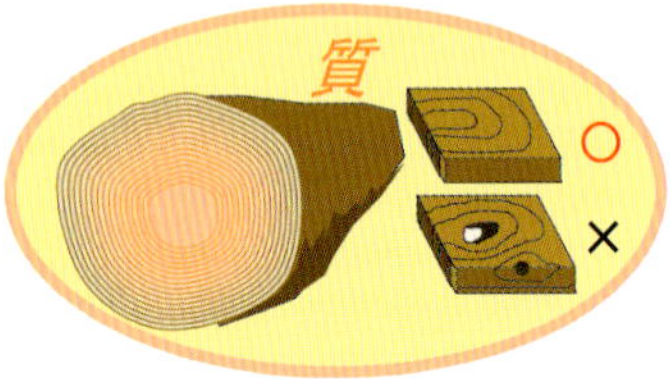

・間伐・枝打ちが行き届く
・病虫害の影響が見られない

・近いところに作業道が通っている
・傾斜がゆるく，林業機械が作業しやすい

・一定の年間成長量を確保
・適正な密度の維持
・林床植生が多様

評価の手順

①木の種類，林齢，森林の面積などを調べます。
②20 m×20 m の調査範囲の木の本数，太さ，高さなどを調べます。
③8 つの項目に点数をつけます。

カラマツ	トドマツ，スギ，アカエゾ	得点
80 未満	70 未満	5 点
80 以上～90 未満	70 以上～80 未満	4 点

など点数表があります。

「形状比（高さ/太さ）」は，密度管理の指標として使われる項目です。
形状比は，めざす姿で掲げた木材の質や効率的な木材生産，森林の健全性などに総合的に関連します。

加点となる項目（5 点を上限）	
1 年に増加する蓄積（成長量）が多い（スギ 7，カラ 6，トド 5，アカエゾ 4 m^3/ha 以上）	
蓄積 150 m^3/ha 以上	傾斜 10° 以下
道路から 100 m 以内	面積 1 ha 以上
材に欠点（病虫害・曲がり）なし	枝打ちを 20 本実施

④評価点数を合計し，10 段階の評価をします。

図 6　森林機能評価基準(5)　木材生産機能（出典は図 1 に同じ）

されている。それぞれの機能は，その機能にふさわしいと思われる評価手法により点数化・ランクづけ・類型化されている。図2〜6では，北海道庁作成のパンフレットを抜粋し，そのおおまかな評価方法について紹介する。このパンフレットを見ることで，評価方法についてはひととおり理解することができる。なお，評価の詳細については119頁からの資料と評価野帳を参照されたい。

3. 森林機能評価基準の利用にあたって

3.1 北海道森林機能評価基準を使うときの注意点

北海道森林機能評価基準は，機能ごとの「着眼点」を示したものである。つまり「ここに着目すれば，その〝はたらき〟の発揮の具合がわかりますよ」というリストのようなものである。水土保全機能なら河川ぞいの森林の状態や斜面の土砂崩れの箇所がその着眼点であり，二酸化炭素貯蔵機能であれば木の太さ，生態系保全機能であれば草木や鳥の種類ということになる。

このことは，同じ森林を対象として複数の機能について評価を行った場合，ある一側面では非常に機能が高いにもかかわらず，異なる機能は著しく低いといったことが生じることを意味している。たとえば「水土保全機能が豊かな森は，二酸化炭素もたくさん貯蔵している」とは必ずしもならないのである。このことは，もしかすると読者の直感とは異なるのかもしれないが，森林機能評価基準では，同じ森林を対象として複数の機能についての評価を行う場合，それぞれの機能の評価結果は独立したものとして取り扱うこととしている。

そしてここで注意しなければならないことは，水土保全機能が豊かだからそのまま保全する，二酸化炭素の吸収が良くないから伐採して異なる樹種を植えるといった，「今後，森林をどうすべきか」，という問いにこの評価基準は直接答えを与えるものではないということである。それらは我々の価値観に関わる問題であり，評価結果によって簡単に決められるものではない。

また，評価結果はそれぞれの評価箇所における「めざす姿」に対して現状はこうである，という目安であり，ほかの森林の評価結果との直接的な比較を行うことも想定していない。たとえば，ある海岸林の「野生の生き物の住処としてのはたらき」としてみた生態系保全機能を例にとってみよう。風が強い海岸ぞいの森林はなかなか樹高が伸びず，成長も遅いことが一般的だが，それでも貴重な生物の生育が確認されたことから，その箇所の「めざす姿」に近い高い評価が得られたとする。一方，それとは別の森林で，山地にある巨木の多い豊かな森や，都市部にわずかに残された貴重な郷土の森があり，それぞれに高い評価を得られたとする。この3つの森林を比較した場合，いったいどの森林が一番といえるのだろうか。これを比べるのはとても難しく，同様にこの評価基準ではそれに答えをだすことはできない。

まとめると，森林機能評価基準は森林にどんな機能があり，どんな問題があるのか，そしてそれぞれの機能を高めるために，我々にどんなことができるのかというアイディアを提供するツールといえる。しかし，最終的にどの機能を重視して，どんな森林をつくりあげるのかといった問題に，森林機能評価基準は答えることができない。

3.2 利活用の状況

北海道森林機能評価基準は，多様である森林の機能を簡単に評価することで，人々の理解をはかり，関心を高めることを目的としているが，その作成過程でさまざまなことを省いているのも事実である。省いたものには，もしかしたら省いてはいけなかったものもあるかもしれないし，新しい知見が得られた際に，取りいれる必要があるものもあるかもしれない。多くの機能について，科学的な知見もまだ不十分である。道庁にはすでに基準の活用と充実をはかるための検討チームがつくられており，今後検討を進めることとなっている。

平成 18 年 4 月に行った活用状況調査によると，北海道森林機能評価基準は，「森づくり現地検討会における住民説明」，「森林環境教育」，「教職員を対象とした研修」，「森林所有者訪問のときの普及資料」などの用途で使われ，件数としては平成 17 年度に 44 件，平成 18 年に 106 件となっている(北海道庁資料)。しかし，これまでの評価はごく一部の森林に限られてきたといってよい。北海道の一般民有林を地域住民とともにまとまった形で評価するのは，今回紹介する胆振管内白老町の事例が初めてとなる。試行錯誤の精神で 2 年間実施してきたプロジェクトの内容について，次章から紹介したい。

イラスト・村野道子

森林の機能とその経済評価

森林にはさまざまな機能があることはこれまでも述べてきたが，それらは経済的にどのように評価されるのであろうか？　たとえば林野庁は，2000年に森林の公益的機能の評価額をおよそ75兆円と公表している(表1)。

ただし，この評価額の取り扱いには注意が必要である。評価額はある前提条件のもとで計算されたものであり，さらに評価手法にはもともと限界が存在しているからである。たとえば野生鳥獣保護機能は，森林性鳥類のみに対する評価であり，またその評価額は，留鳥と夏鳥の生息数を約1億5,000万羽と推定し，動物園で飼育した場合の年間の餌代を乗じて得られた結果である。評価対象は限られているし，餌代から価値を評価することが妥当かどうかは議論が残るだろう。

読者のなかには，森林の機能をより明確にするために，経済評価の実施を検討されている方もおられるだろう。しかし，経済評価を行う前に，次の2点についてはぜひ検討していただきたい。

まず第一点は，森林の機能を経済評価することで，何らかの開発行為に反対したり，行政機関から何らかの施策を引き出したりする意図があるならば，それは問題解決をより困難にする可能性があるということである。上記で示したように，評価手法にはもともと限界が存在している。評価額を提示されたほうは，容易にその評価手法の問題点を指摘できるため，評価額が妥当か妥当でないか，新たな論争を増やすだけである。

第二点は，表1に示されたように，評価額はきわめて高額になることがあるということである。特に，「該当する森林の機能が存在しなくなった状況」を基準として，評価額が測られている場合である。多くの場合，開発行為などで表1に示された機能が低下することはあっても，まったく機能がなくなることは稀である。問題は，これらのきわめて高い評価額が示されると，逆に何をどうすれば良いのかわからなくなってしまうことである。特に行政機関は困惑することになる。評価を無視しても批判を受けるが，対応しても評価額に見合わないと批判を受けるからである。

表1　森林の機能とその評価額
(http://www.rinya.maff.go.jp/PURESU/9gatu/kinou.html より作成)

機能の種類	評価額	備考
水源かん養機能	計27兆1,200億円	森林の土壌が，降水を貯留し，河川へ流れ込む水の量を平準化して洪水，渇水を防ぎ，さらにその過程で水質を浄化する役割
降水の貯留	8兆7,400億円	
洪水の防止	5兆5,700億円	
水質の浄化	12兆8,100億円	
土砂流出防止機能	28兆2,600億円	森林の下層植生や落葉落枝が地表の侵食を抑制する役割
土砂崩壊防止機能	8兆4,400億円	森林が根系を張りめぐらすことによって土砂の崩壊を防ぐ役割
保健休養機能	2兆2,500億円	森林が人にやすらぎを与え，余暇を過ごす場として果たしている役割
野生鳥獣保護機能	3兆7,800億円	森林が果たしている野生鳥獣の生息の場としての役割
大気保全機能	計5兆1,400億円	
二酸化炭素吸収	1兆2,400億円	森林がその成長の過程で二酸化炭素を吸収し，酸素を供給している役割
酸素供給	3兆9,000億円	
合計	74兆9,900億円	

これもまた，評価する側と評価を提示される側の論争を増やすだけである。

では，経済評価は使えないのであろうか？そうではない，森林の機能に関わる利害関係者が，経済評価の必要性とその限界を共有し，どのような結果が得られようとも，それを真摯に受け止める関係が構築されているならば，その結果は活用されるであろう。機能評価を行うにはアンケート調査を実施せざるをえない場合もある。上記の対立構造のもとでは，アンケート票の言葉使いひとつが論争の種(たね)になるが，利害関係者が協働でアンケート票を作成するならば，その作成段階自体も相互理解の場面となるし，得られた結果も素直に受け入れることができるだろう。経済評価はその評価額だけに注目するのではなく，幅広い利害関係者の同意のもとで評価が実施されたか，評価額の活用方法や結果の受け止め方が議論されたか，といったプロセス自体にも注目していく必要がある。（庄子　康）

第4章

ウヨロ川流域の自然環境と NPO法人ウヨロ環境トラストの活動

この章では，本書で詳しく取り上げるウヨロ川流域の自然環境について紹介するとともに，そこで活動を行っているNPO法人ウヨロ環境トラストの活動を紹介する。

1. ウヨロ川流域の自然環境

1.1 北海道白老町ウヨロ川の位置

ウヨロ川が流れるのは北海道の南西部，太平洋に面した白老(しらおい)町である(図1)。白老町は江戸時代に仙台藩が北方警備のために元陣屋を設置した安政3(1856)年を開基の年としており，150年以上の歴史をもつ，北海道では比較的早くから開拓の行われた場所であった。もちろんこの地域には，それ以前からアイヌの人々が暮らしていた。現在でも，白老町はアイヌの人々が多く住む町としても知られており，アイヌ文化の振興を町づくりの重点施策に位置づけている。白老町では，アイヌの人々が財団法人を設けアイヌ民族博物館を運営しており，チセ(アイヌの住居)を野外展示したポロトコタンが併設されている。

白老町は，南にむかって太平洋に面しており，北側は豊かな森林に囲まれた，自然豊かな町である。白老町の面積425.75 km²の74%は森林で被われている(図2)。町内には，支笏洞爺国立公園の特別地域に指定されているクッタラ湖やホロホロ山のほか，インクラの滝，ポロト湖やポロトの森などの景勝地があり，さまざまな自然資源に恵まれている。

1.2 ウヨロ川周辺の自然

ウヨロ川は胆振管内最高峰のホロホロ山(標高1,322 m)の山麓を水源とし，太平洋に注ぐ延長18.8 kmの水質良好な二級河川である(図3)。下流から上流に遡って見ていくと，まず下流部の左岸には自然豊かな三日月湖が何か所も残されている。中流部では，秋にサケが遡上し自然産卵する姿が見られ，周辺には雑木林，カラマツ林，和牛や軽種馬の牧場などの田園的景観が続く(図4〜6)。それらのなかを縫うように，ウヨロ川扇状地の湧き水を水源とする清らかな小川がいくつもウヨロ川へ流れ込んでいる(図7)。ウヨロ川の下流から中流部は，北海道的な里山といえる自然がまとまって残されている地域である。上流域は国有林や町有林の森林地帯で，

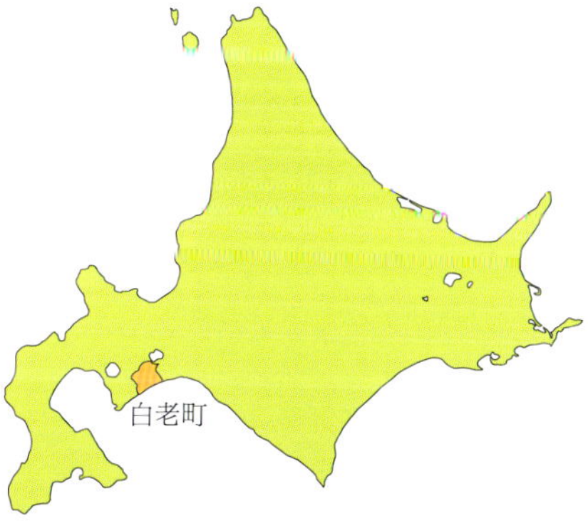

図1 白老町の位置

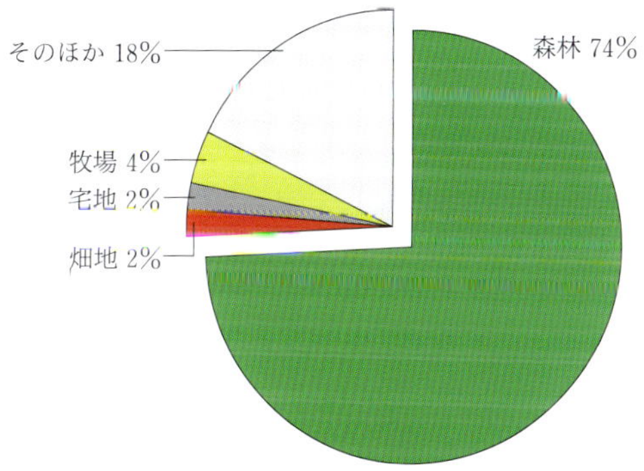

図2 白老町の土地利用(白老町webページ(http://www.town.shiraoi.hokkaido.jp/)より作成)

図 3　ウヨロ川

図 4　サケの遡上

図 5　牧草地

図 6　軽種馬の牧場

図 7　雑木林にある湧水地

図 8　町有林のトドマツ(天然林)

ミズナラやウダイカンバ，イタヤカエデなどの天然林も残されている(図8)。

2. ウヨロ環境トラストの活動

ウヨロ環境トラストは白老町のウヨロ川中流部において，土地を直接所有して森林を管理したり，所有者と保全協定を結び里山の自然を残すナショナルトラスト活動を行っているNPO法人である。また，その保全地の森林の手入れやウヨロ川ぞいのフットパス(自然歩道)の整備，子どもの自然体験活動などの実践的な環境ボランティア活動も推進している。

2.1 白老町の環境保全活動とウヨロ環境トラストの誕生

白老町における，市民参加による森づくりなどの自然環境保全活動は十数年の歴史を数える。始まりは，竹下内閣が「ふるさと創生」を提唱した1988年である。この事業を利用して，雑木林主体の約200 haの丘陵地を，町のシンボルとなる公園として整備する計画の検討が始まった。後にこの公園は「萩の里自然公園」と命名される(図9)。公園整備以前の1994年から，市民の手によって雑木林の手入れ活動も開始されている。萩の里自然公園については，コラム「萩の里 なんとなくいい山」を参照されたい。

1998年には，白老町内の別の都市公園の森林をフィールドとして，親子による森林ボランティア活動が行われるようになった。1999年には，萩の里自然公園の樹林地における里山植物園づくりなどを目的とした植物ボランティア団体が発足した。ほかにも，ウヨロ川の河畔林再生をめざす団体も同時に誕生して，白老町内ではさまざまな環境保全活動が展開されるようになった。

このようないくつもの環境保全団体に関わる関係者が集まって誕生したのが，ウヨロ環境トラストである。ウヨロ川周辺の素晴らしい自然環境を維持保全するため，白老町民や近郊の苫小牧市民の参加により，2001年11月に任意団体として設立されたものである。設立と同時に，倒産した本州の会社が所有していたカラマツ林2.2 haを取得し，ウヨロ川周辺の自然環境保全の拠点となるよう「トラストの森」と名付けられた。

2004年10月には，取得した土地を法人所有地として登記するため，ウヨロ環境トラストはNPO法人化されている。トラストの森の周辺には，森林や砂利採取跡地があるが，その所有者の承諾を得て設定した保全協定地は，現在では約10 haに及んでおり，トラストの森と一体

図9 萩の里自然公園

萩の里　なんとなくいい山

毎年12月12日，萩の里自然公園にある山神様にゆかりの人々が集い，祭りを行う。お神酒とお供物をあげ参拝しながら，早春のナニワズから始まり，晩秋の紅葉まで，目いっぱい季節の変化と彩りに心が潤ったことを感謝し，いくつも「発見」があったことを喜び合い，「山納め」とする。50年ほど昔，船大工と炭焼きをしていた人が「森と木のお陰で仕事をさせてもらっている。自然をいつまでも大事に守り，後世に残したい」と感謝・畏敬の心を込めて家族で始めたものが自然を愛する人たちに広まった。栗の木をご神木に定め，鳥居を設置しただけの素朴な空間だが，里山の歴史と文化が漂い郷愁を醸しだす。

自然公園は樹齢30年から50年の若い広葉樹が中心である。ミズナラはその昔炭焼きのために伐採された切り株からひこばえが次々と芽吹き，競いながら空に伸びる。1株に数本も乱立しながら成長を続ける。この地方で炭を焼く人たちは，積雪の高さで伐ると萌芽しやすいことを体験的に知っていたという。明治のなかごろから約30年のサイクルで伐採，更新を何度も繰り返しながら里山が守られてきた。

白老村の炭焼きは明治のなかごろから始まり，40年には62の窯数が記録され「白老の山は炭焼きでいっぱいだった」といい伝えられている。「火山灰地だから，肥料分が乏しく木はゆっくり成長するんです。その分，木質は硬く，品質の良い木炭ができた」と古老は語る。10貫俵の単価は管内で最高だった。

早春，当時炭焼きの仕事に携わった人たちが萩の里炭窯の跡を探索した。笹の生い茂る林床をかき分け10ほどの跡が確認できた。4~6坪ほどの窪みが雪を溜め込むように沈んでいるだけで，後は何も残っていない。屋根も壁も，みんな土に返ったものと思われる。

伐採され，林床に光が降り注ぐようになると里山特有の草花が育つ。どこからともなく昆虫がやってきて受粉を受けもつ。昆虫を求めて鳥類や爬虫類が生息し豊かな生態系が保たれる。

また，この山には戦後乳牛の放牧の歴史が残っている。近くの酪農家は乳牛を放牧し草を食べさせていた。牛は笹や大型の草など，人間が手入れするのに骨が折れる植物も「巻舌」を使って食べ，除草してくれた。糞に混じったタネが芽生える，堅い爪で歩き回るために林床を耕し種子が芽生える条件がつくられるなど森づくりに大いに貢献したであろう。

「萩の里ね，何となくいい山だね」「気が休まりあずましい」訪れる人に聞くと申し合わせたようにこんな答えが返ってくる。特筆すべき自然というのではなく人間の関わりと自然の復元力が合作した里山である。地元の萩野小学校は毎年，5月に「里山開き」を行い，四季をとおして山の空気を吸い，生き物たちとのふれあいを楽しむ。

これまでは地元の人たちによって活用されながら育ってきた森もこれからは多くの人々がさまざまな願いをもって活用する「里山」としての手入れが求められている。

（中野嘉陽）

的に管理されている。

2.2　ウヨロ環境トラストの森づくり活動

ウヨロ環境トラストが取得した 2.2 ha のカラマツ林は，植栽後 40 年近くも手入れがされず，ツルが繁茂し，枯損木もある荒廃状態の放置人工林だった(図 10)。また周辺のカラマツ林は，2004 年の台風 18 号により倒木が発生し，放置されたままであった。

このような状況のなかで，ウヨロ環境トラストは里山の田園景観の保全と里山人工林の再生を目的に，設立当初からトラストの森や周辺の森づくり活動に取り組んできた。全国的にも放置人工林が問題となるなかで，地価の安い北海道という特殊性はあるが，ウヨロ環境トラストの取り組み(トラスト活動と保全協定の締結)は，放置人工林を NPO 法人が整備する先進事例のひとつということができるだろう。

団体設立時に取得したトラストの森は，当初からウヨロ川周辺の里山保全の拠点として管理されており，積極的に枝打ち，除間伐が行われ，間伐材はさまざまな施設の整備に活用されてい

図 10　カラマツの放置人工林

図 11　トラストの森とウヨロ小屋

図 12　森づくり活動（枝打ち）

る。現在はカラマツ間伐材を使った山小屋「ウヨロ小屋」，大型東屋「ウヨロドーム」，高さ 4 m の「ツリーテラス」などが設置されており，これらの施設は里山の自然と人との交流の場として，年間をとおして多くの方々に利用されている（図 11）。

トラストの森と保全協定地の森林整備は環境ボランティア活動として実施されており，森づくりの担い手としては会員のほか，地域住民も参加している。これまで除間伐，枝打ち，植樹などの活動が実施されてきた（図 12）。さらにこれまでの実績を森づくりプログラムとして整理し，一般の方にもわかりやすいパンフレットの形でまとめて，活動への参加を呼びかけている（http://www.shiraoi.org/trust/morizukuri/）。2006 年からは札幌市などの都市住民も参加した森林ボランティア活動が年数回実施されている。

近年は森林ボランティア層の拡大をはかるために，ボランティアのレベルアップを目的とした活動も始めている。たとえば，チェンソーを使用し，間伐技術の習得をめざした「森づくり実践講座」にも取り組んでいる。このような森づくりプログラムの検討にあたっては，地元の森林行政関係者や大学研究者も参画しており，まさにさまざまな人々がいろいろな形で，積極的に森林管理に関わっているといえるだろう。

2.3　ウヨロ環境トラストの環境学習活動

ウヨロ川周辺の里山の自然に触れ，自然を調べ，そしてそれを伝える環境学習活動は，団体設立以来取り組まれてきた活動である。団体設立 2 年目からはウヨロ川周辺の自然に触れる機会として，自然ウォーキングや子どもの自然体験活動が開始された。その活動のなかから，ウヨロ川にフットパスをつくる構想が提案され，河川管理者の北海道や周辺の土地所有者の理解を得ながら，2003 年から整備が始められた。

フットパスとは，もともとイギリスにある歩行者専用の道で，日本であれば散策路に近いかもしれない。イギリスでは，その道がフットパスとして承認されていれば，他人の土地であっても，人の歩く権利が保障されている。牧場や森林，海岸線などさまざまな場所にフットパスは張りめぐらされており，フットパス歩きはイギリスの国民的なレクリエーションでもある。ウヨロ川のフットパスはイギリスのフットパスとまったく同じものではないが，他人の土地であっても，理解を得ながら歩道を整備するという意味でフットパスと呼んでいる。

ウヨロ川ぞいのフットパスは，まずウヨロ川中流の左岸の草刈りによって，新たに自然歩道約 2 km を整備することから開始された。現在はこのルートに一般車道や河川管理用道路，萩

図 13　ウヨロ川フットパス

図 14　夏のキャンプ

の里自然公園の遊歩道，牧場内など既存の道も組み合わせて，約 14 km のルートが設定され，「ウヨロ川フットパス」と名付けられている(図13。また口絵には「ウヨロ川フットパス・マップ」がある http://www.shiraoi.org/trust/footpath/)。

このフットパスの大きな見所のひとつはサケの遡上である。毎年秋，ウヨロ川中流には，その 4 年前にウヨロ川で孵化して海に降りたサケが多数遡上してくる。札幌近郊で，ウヨロ川ほど間近にサケの産卵行動のようすを見ることができる川は少ないことから，近年は 9 月から 11 月にかけてサケの遡上を見る自然体験ツアーが数多くの団体によって企画されている。このように，ウヨロ川のフットパスはエコツアーの目的地として知られるようになり，NPO の会員もサケの遡上と里山の自然を案内するガイドとして活躍している。

また，2002 年からは，地元の子どもたちに自然体験活動を提供するため，夏の宿泊キャンプ，秋と冬のデイキャンプを毎年行っている(図 14)。最近では，隣町である苫小牧市や札幌市からも子どもたちが参加するほどである。活

図15　子どもも参加した自然調査

動の内容は森の自然観察，森づくり体験など，里山の自然に触れるプログラムのほか，ウヨロ川の自然観察，川遊びなど周辺の自然を活用したものになっている。

このようにNPO活動の中心となる森づくり活動のほかにも，フットパスづくりやキャンプの開催など，さまざまな活動を行っている。さらに2005年からは，ウヨロ川やその周辺の里山の自然調査にも取り組んでおり（図15），2006年12月には植物や動物を中心に「ウヨロ川中下流域の里山自然調査報告書」がまとめられた（http://www.shiraoi.org/shizen/）。

2.4　森林機能評価基準の適用を通じて

このような活動の一環として，森林機能評価基準の適用も行われることになった。結果は次章に譲るが，共同研究や先に紹介した森づくりプログラムの作成などを通じ，研究者との交流が深まるにつれ，さまざまな方々がトラストの森を訪れるようになった。国連大学サマーセミナーのフィールドワークや，国際協力事業団主管の森林研修もトラストの森で受け入れることとなった。また，学生の卒業研究のフィールドとしても取り上げられるようになってきた。研究者や多くの方をトラストの森へ受け入れることは，NPO活動の自信にもつながっている。会員が里山の自然と触れる楽しみから始まった活動は，社会的に評価されるまでになった。2007年11月には，社団法人国土緑化推進機構の「ふれあいの森林づくり」中央表彰の受賞団体にも選出された。

もちろん，当団体のめざすものは地域の自然環境の保全であり，とりわけ森林保全である。研究者との連携や都市住民とのふれあいは，最終的な目的ではないが，森林保全という大きな目的を達成するために，パートナーシップの形成はきわめて重要な要素であると考えている。

森づくりや森林破壊の問題は，以前では地域や国のレベルで考えられてきたが，地球温暖化の問題を契機に世界的な課題となってきている。ウヨロ川流域の森林管理やNPOによる森づくりも，地域的な課題としてだけではなく，大きな視点からとらえ考えることができる時代になってきた。そのようななかで，森林機能評価基準がそこでどのような貢献をできたのかについては，次章をご覧いただきたい。

森と川のつながり

1970年くらいまで，生物同士もしくは生物と環境の関係は，ひとつの生態系のなかで克明に調べられてきた。ところが，日本では1960〜1970年代に高度経済成長期を迎え，森林を伐採したり，農地を開発したり，道路を開設したりといったさまざまな開発行為が行われ，連続した生態系はバラバラに分断された。その結果，多くの生物種が絶滅するという事態が起こり，我々が目にする生態系のほとんどは，一つひとつ独立して維持されているのではなくて，周辺の生態系と，植物や動物，そして栄養塩や有機物など物質の移動を通じてつながっていることがわかってきた。このようなさまざまな生態系の集まりを景観(ランドスケープ)と呼び，景観の構造と動態をまるごと保全することが重要である。

ここでは，森と川，そして海のつながりについて紹介したい。河畔林の樹木の枝や葉(樹冠)が川の水面を被うと，太陽の光が遮断され，川の表面は暗く，こもれびが差し込む程度になる(図1)。北海道の広葉樹林では，夏のあいだ，太陽日射量の約85%がカットされ，直接水面に到達できる日射量は15%程度に抑えられる。こうした河畔林樹冠の日射遮断によって，山地上流域の川の水温は低温に保たれ，河川内の石礫に付く藻類の繁殖は抑えられる。日射遮断効果は，冷水を好むヤマメなどのサケ科魚類にとってはきわめて重要で，生息域を制限する要因として水温が強く影響する。

河畔林の樹冠による日射遮断が強く作用する小さな川では，藻類をはじめとした水生植物による光合成量はきわめて少なく，川のなかの生物が生きていくためのエネルギーの大部分を川の外で生産される有機物に頼らなくてはならない。この有機物のほとんどが，秋に河畔林からもたらされる落ち葉である(図2)。落ち葉の分解速度は，樹種によって異なっており，一般的には河畔に見られ窒素分の多いハンノキ属やシナノキ属がもっとも分

図1　うっそうと茂る河畔林

図 2　秋に河畔林から落ちて川床に溜まった落ち葉

図 3　倒木周辺に生息するサクラマスの幼魚

解されやすい。水辺に張りだした枝からは，落ち葉のみならず多くの陸生昆虫が落下する。秋に川へ落ちた落ち葉は，次の年の夏までにその大部分が流され，落ち葉を餌とする水生昆虫も夏に少なくなる。一方，新葉で被われた夏の河畔林からは，樹冠に棲む陸生昆虫が落下し，魚の餌になる。川のなかが貧栄養状態のこの期間，落下昆虫は魚類の栄養を補う重要な食物源になると考えられ，川は河畔林によって巧妙に水中の栄養バランスを保っている。

また，朽ちて川内に倒れ込んだ倒木，さらに移動した流木も魚類の生息環境の形成に重要な役割を果たしている。一般的には，倒流木の量が増えると倒流木などの障害物によって川底が掘られて水深が深くなり流れがゆるやかな淵や，カバー（鳥などの捕食者から身を隠すための影部）が多くつくられ，魚類の個体数，種数が増える（図 3）。

温帯において山から海へ流れるさまざまな物質は，一時期に集中する傾向にある。地域によって多少異なるが，落ち葉は 10〜11 月

図 4　ヒグマの歯型がついたカラフトマスの遺骸

に集中し，水中に溜まった落ち葉が流されるのは春の融雪時か夏の豪雨時に集中する。中程度の分解スピードをもつカエデ属，シラカンバ属の落葉であっても 90%分解されるためには，8〜15 か月要する。秋に生産され，春や夏の 1 年以内に一気に海まで流されてしまえば有機物や栄養塩は水生生物に利用されずに終わる。こうした集中性を分散し，供給されたエネルギーを一時溜めておく仕組みが自然河川のあちこちにある。このように，物質がゆっくり運搬されることが川の生態系にとっては重要である。

川に供給された落葉は，川のなかに分布するいろいろな障害物，たとえば倒木や流木，枝に絡みついてそこに留められたり，突起している小石の裏にいも虫状に重なり合ったり，また淵や流れの遅くなった渓岸ぞいに多く分布する。細かい落葉片や微細な有機物などは河床の砂礫のあいだに留められたりもする。流域で生産された落葉は，当初は大きな有機物片であるが，落葉を破砕する上流域の水生昆虫に摂食されて細かくなり，下流域では細かくなった有機物を集める水生昆虫に再度利用されることになる。窒素も同様で，分解の過程を通じて上流から下流にむかって何度も生き物に利用される。

ほとんどの物質は重力に支配されて山から海へ流れるが，生き物が介在することによって，海や川から山へむかう流れもつくられる。北海道知床の生態系維持機構として注目を集めているのが，海で得た栄養分を上流へ運ぶサケ科魚類の役割である(図 4)。産卵のために遡上したサケ類は，陸上のクマやタヌキ，キツネ，カラス，ワシ類などによって食べられ，産卵後の死骸もほかの生物によって分解される。さらに川から羽化した水生昆虫は鳥類の餌として重要である。こうして，山から海までの物質は森と川，そしてそこにいる生き物をとおして循環している。　(中村太士)

第5章

ウヨロ川流域における森林のはたらき

── 森林機能評価基準による評価結果から ──

この章では，白老町ウヨロ川流域の各地において森林機能評価基準を適用した結果を述べる。森林機能評価基準では，対象とする機能ごとに評価の単位が異なるため注意が必要である。

まず，もっとも大きな枠組みである流域(あるいは小流域)を単位として評価を行うのは水土保全機能である。生態系保全機能，木材生産機能，生活環境保全機能は小班を単位として，文化創造機能は利用される森林一帯を単位として評価を行う。ウヨロ川流域の森林は，典型的ないくつかの森林に分けることができるので，水土保全機能以外の機能を評価するための対象地として，町有林のトドマツ人工林，トラストの森，日本製紙社有林，萩の里自然公園を選定している。

1. 水土保全機能の評価

1.1 評価対象流域

ウヨロ川は火山噴出物を基盤とする地域を流れている。そのため，ほかの河川と比較して土砂が移動しやすく，土砂災害に対する配慮が必要な川である。また，さけ・ます孵化場が流域にあり，近年はエコツアーの場としても利用されていることから，川に対する社会的な関心も大きい。総じて治水や水質への関心が高い地域といえる。

水土保全機能の評価を行うのは，ウヨロ川流域のなかから選んだ8つの小流域である。役場担当者の意見も聞きながら，所有者(町有林・社有林)による森林の取り扱いの違いや，林相により機能の違いを検討できるように選択した。表1に示した番号のTとL，Dはそれぞれトドマツ林，カラマツ林，広葉樹林であることを示し，番号は林班を示している。

1.2 水土保全機能の評価結果

添付資料にあるように，水土保全機能は，渇水・洪水緩和機能，水質保全機能，土砂流出防備機能，土砂崩壊防備機能の4つの個別機能から計算される。4つの個別機能に加え，総合評価得点である水土保全機能の得点結果を表2に示す。

表2に示されるように，全流域において，4つの機能別および総合評価の得点は90点以上を超えていた。これは，この流域において，大規模な土砂崩れなど水土保全機能の評価を大きく下げる問題が生じていなかったことによるものである。特にT61流域とL68流域は，すべての機能において満点であった。

今回の結果は総じて高得点であるが，わずかではあるが点数が減じられている理由を検討す

表1 評価対象とした流域の概要

番号	所管	小流域面積(ha)	流路長(m)	林相
T59-4	町有林	31	794	トドマツ人工林
T59-7	町有林	29	562	トドマツ人工林
D60	町有林	20	558	広葉樹林
T61	町有林	32	116	トドマツ人工林
L68	社有林	8	163	カラマツ人工林
DLT73	社有林	34	466	広葉樹林＋カラマツ・トドマツ人工林
D74	社有林	26	258	広葉樹林
D45	町有林	37	330	広葉樹林

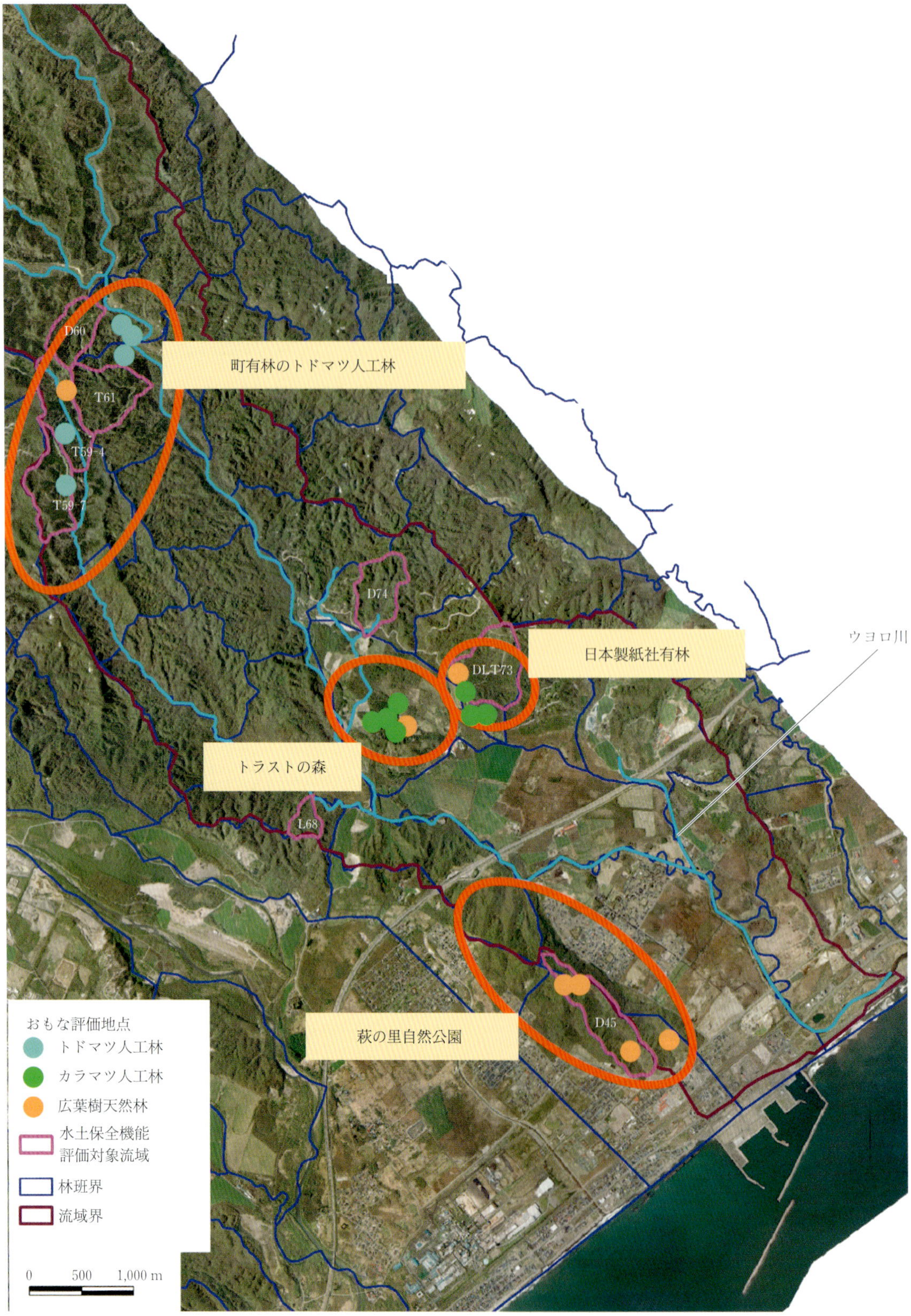
町有林のトドマツ人工林
D60
T61
T59-4
T59-7
D74
日本製紙社有林
DLT73
ウヨロ川
トラストの森
L68
萩の里自然公園
D45
おもな評価地点
トドマツ人工林
カラマツ人工林
広葉樹天然林
水土保全機能
評価対象流域
林班界
流域界
0
500
1,000 m

図１　調査を行った箇所

表2　北海道の森林機能評価基準に基づく水土保全機能の評価結果

番号	渇水・洪水緩和機能	水質保全機能	土砂流出防備機能	土砂崩壊防備機能	水土保全機能（総合評価）
T59-4	98.9	99.7	99.9	100.0	99.6
T59-7	97.9	99.7	99.9	100.0	99.4
D60	99.2	99.1	99.7	100.0	99.5
T61	100.0	100.0	100.0	100.0	100.0
L68	100.0	100.0	100.0	100.0	100.0
DLT73	98.4	99.8	99.9	100.0	99.6
D74	98.8	99.9	100.0	100.0	99.6
D45	94.9	99.6	99.8	100.0	98.6

ると，以下のようなことが明らかとなった。まずこのような場所では，道路や草地，まばらな森林などが流域内に分布していた。特にD45流域には公園施設利用による無立木地の面積割合が高いために，渇水・洪水緩和機能の得点が低くなっている。文化創造のための公園的利用と渇水・洪水緩和機能のあいだには，トレードオフのような関係があると想定されるだろう。得点を下げているそのほかの原因としては，森林伐採や森林の整備基盤とされる林道や作業道，集材路などの道路が，川ぞいに設置されていることも挙げることができる。道路路面は地面が露出しているため，雨粒や路面を流れる水による侵食などを受けやすい。実際に現地においても，車が傾くほどの溝が道路に形成されている箇所が確認できた。とはいえこれらの侵食は，総合得点から判断してもわかるように，それほど重大な問題ではないといえるだろう。

1.3　土地利用変遷を考慮した評価

しかしながら，このような高い評価結果は継続的に維持されてきたものなのだろうか？　水土保全機能の評価結果は，おもに土地利用形態と河川からの距離から算出できるので，過去の空中写真や施業履歴などを用いれば，同一流域における水土保全機能の変遷を探ることもできる。ここでは，3つの小流域ⅠとⅡ，Ⅲ（図2）について，①戦後復興期の1948年，②高度経済成長期後の1976年，③バブル経済崩壊後の2006年の3つの年代について評価を行い，土地利用が変わっていくにつれて水土保全機能の評価がどのように変化してきたかについても触れてみたい。

3つの年代の空中写真から土地利用区分を行い，3小流域の水土保全機能を評価したところ，以下のことが明らかになった（図3）。まず森林を一斉皆伐すると，一時的に水土保全機能は大きく低下する。高度経済成長期後の1976年は，3つの年代を通じてどの小流域においても森林伐採の面積はもっとも大きかったが，なかでも小流域Ⅰは，急傾斜地の河畔域を含めて一斉皆伐されたために，ほかの流域に比べても水土保全機能が大きく低下していた。

次に，森林が採石地に転換されると，長期的に水土保全機能が低下する可能性が高いことがわかった。ウヨロ川をはじめ，白老町内の河川ぞいでは良質の砂利が取れるため，砂利採取が盛んに行われてきた歴史がある。砂利採集による裸地は，1976年以降，小流域Ⅲに出現している。採石跡地は表土が失われるため，放置しておいても森に復元するには時間がかかる傾向にある。そのため，森林の回復を促すためには，根の発達を促進する特殊な施工が必要であるともいわれている。

また，3小流域ともに，3つの年代を通じて，渇水・洪水緩和機能，水質保全機能，土砂崩壊防止機能，土砂流出防止機能のうち，渇水・洪水緩和機能がもっとも低い傾向にあった。このことから，水土保全機能のなかでも，渇水・洪水緩和機能が流域の森林開発に対してもっとも敏感に反応することがわかった。

これらの結果を踏まえると，水土保全機能の評価結果は，継続的に高い評価を得られてきたものではなく，高度経済成長期に失われた機能

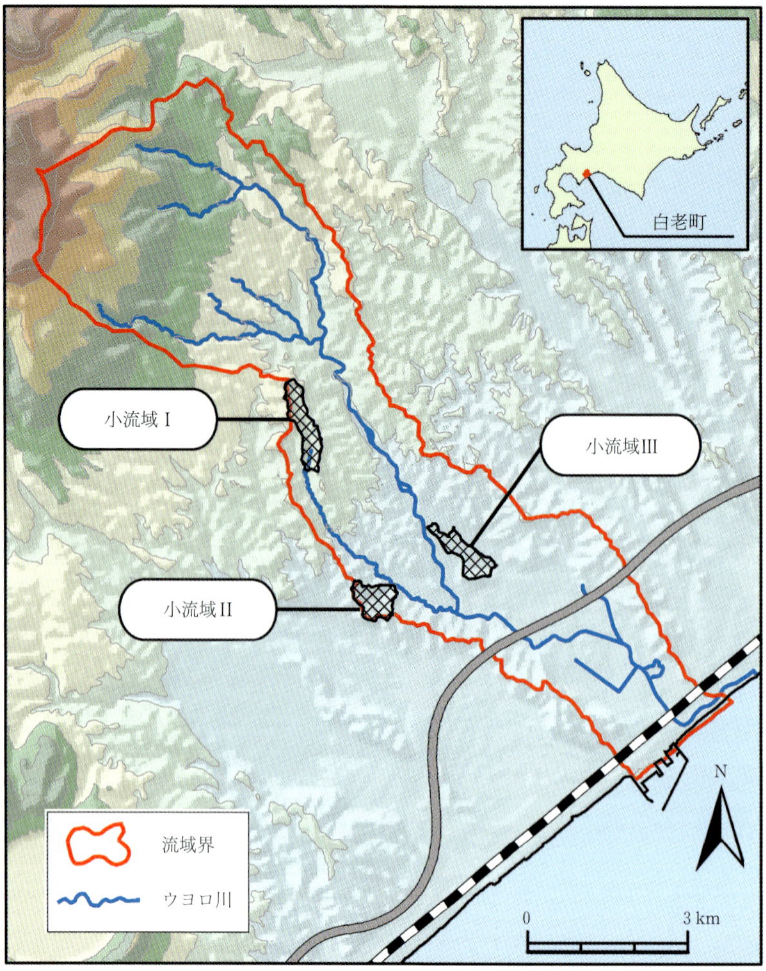

図 2　ウヨロ川流域と 3 小流域

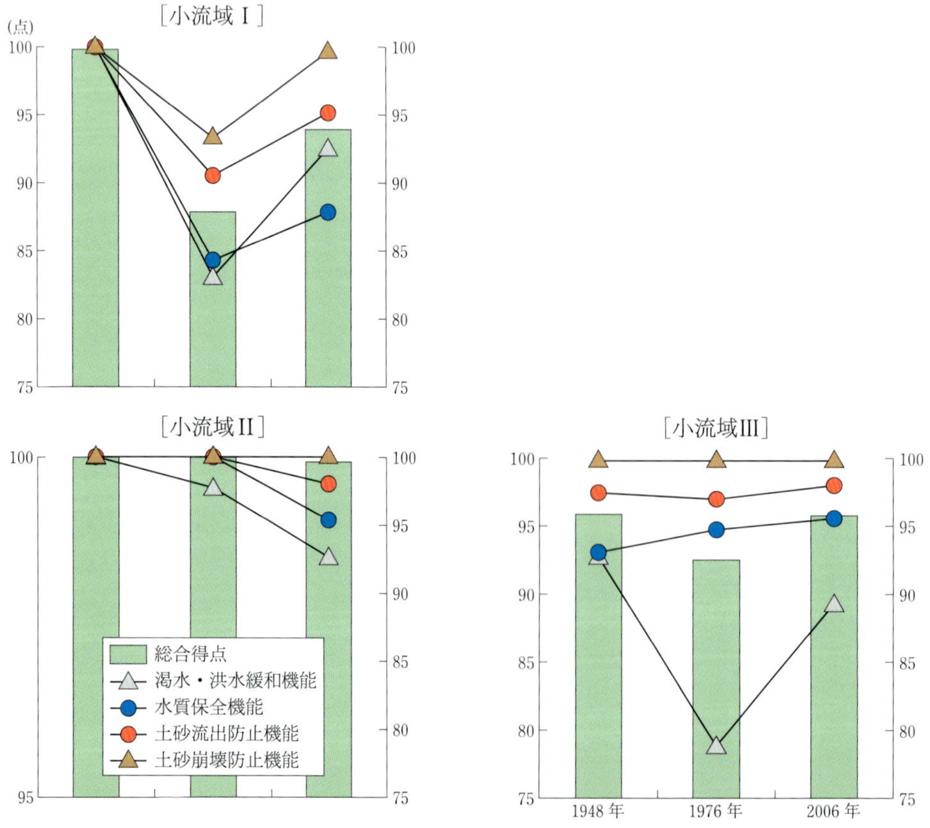

図 3　3 小流域の水土保全機能の変遷

が，開発圧力が低下することで，徐々に今日回復した結果であるということができるだろう。

2. トラストの森の森林機能評価

水土保全機能は流域全体の評価であるため，はじめに結果を示したが，ここからは，紹介のしやすさを考えて，評価地点ごとに結果を紹介したい。それぞれの評価地点について，生態系保全機能，木材生産機能，生活環境保全機能の結果を示すが，生活環境保全機能はそのなかでもさらにさまざまな機能に分かれるため(第4章を参照)，ここでは二酸化炭素貯蔵機能について結果を示したい。また文化創造機能については，そのような機能の発揮が期待される萩の里自然公園についての結果を示したい。

2.1 調査方法

2006年6月19〜20日に，トラストの森において5か所の調査区を設定し，森林機能評価基準を適用して評価を行った。設定した調査区はそれぞれ20×20 mである。

まず，調査区内の高木(上層高の2/3以上の樹高のもの)，亜高木(上層高の1/3〜2/3の樹高のもの)および下層植生(低木，草本など)の種を記録した。種の同定が難しい場合は，種数のみ記録した。

次に，調査区内に存在する胸高直径5 cm以上のすべての樹木の胸高直径と樹高を測定した。最後に，木材生産機能および生態系保全機能の評価に必要な項目のうち，対象小班やその周辺の状況について現地で確認が必要な項目を記録した。たとえば，川が近くにあるかどうかなどである。木材生産機能評価では，調査区内で3本を選び，樹高曲線を作成し，蓄積を求めることになっているが，今回はすべての樹木の樹高を測定した(図4)。鳥類については，5月8日6時30分〜7時30分，トラスト地周辺において，鳴き声や目撃によって確認した種を記録し，調査区を含む小班で確認された種数を集計した。

2.2 調査区のようす

調査区1は手入れされたカラマツ林で，形質が不良なものはすでに伐採されていた。残されたカラマツも枝打ちされており，すっきりした印象となっている。伐採された形質が不良な木は細くてあまり利用できず，林床に残されたままであった。亜高木はなく，低木もわずかだが，林床はミヤコザサのほか，多くの草本が確認できた(図5)。

調査区2はカラマツの植林地に挟まれた広葉樹林で，高木はほとんどがケヤマハンノキであった。最大のものは胸高直径が38 cmあっ

図4　調査状況

図 5　調査区 1 のようす

図 6　調査区 2 のようす

たが，林分としての蓄積はカラマツ林に比べて小さかった。樹木の種数は多かったが，草本はあまり確認されなかった（図 6）。

調査区 3 は，調査直後に間伐体験の実施場所となる予定があったため，下草が刈り払いされ，枝打ちも一部実施されていた。そのため，下層植生などを評価項目とする生態系保全機能の評価は行わなかった。ここでは，株立ちになったり曲がったり，あるいは台風により傾いたカラマツが多数あるが，伐採されていないため，蓄積はトラストの森の 5 か所の調査区のなかで最大であった（図 7）。

調査区 4 は，調査区 3 と同様の，間伐されていないカラマツ林で，わずかに広葉樹が侵入しているが，蓄積は調査区 3 よりもやや少なかった。調査区 3 と同様の欠点のある木や，野ネズミによる食害を受け枯れた木が確認された（図 8，9）。

調査区 5 は，植栽後の比較的早い段階にカラマツの多くが枯れたと思われ，その後に広葉樹が多数侵入している。カラマツは本数が少ないため成長が比較的良く，平均直径は大きかった。しかし，ツルが絡まっているものが多く，木材としては形質の良いものはほとんどなかった。広葉樹には，胸高直径 5 cm 以上のものはなかったが，草本の種数は，トラストの森の 5 か

図７　調査区３のようす

図８　調査区４のようす

図９　調査区４の野ネズミ被害木

図 10　調査区 5 のようす

表 3　トラストの森における木材生産機能の評価

項目	調査区 1	調査区 3	調査区 4	調査区 5
林齢(年)	39	38	38	39
平均胸高直径(cm)	21.5	17.7	17.5	21.7
上位 4 本の平均樹高(m)	19.6	18.7	17.3	20.4
蓄積(m^3/ha)	154.1	234.1	194.3	188.1
成長量(m^3/ha・年)	4.3	6.7	5.6	5.2
形状比	91.2	105.6	98.6	94.0
評価項目				
(A)面積 1 ha 以上	○	○	○	○
(B)枝打ちを実施	○	○	×	×
(C)材の欠点がない	×	×	×	×
(D)傾斜 10° 以下	○	○	○	○
(E)道路から 100 m 以内	○	○	○	○
(F)蓄積 150 m^3 以上	○	○	○	○
(G)成長量 6 m^3 以上	×	○	×	×
(A)〜(G)の合計	5	6	4	4
形状比による得点	**3**	**2**	**3**	**3**
(A)〜(G)の得点(最高 5 点)	**5**	**5**	**4**	**4**
総合評価	**8**	**7**	**7**	**7**

成長量および形状比の計算方法は，森林機能評価基準による。

所の調査地のなかではもっとも多かった。低木，草本，ツルが藪になっている状態であり，藪を好む鳥類や昆虫類にとって良い生息地であると思われる(図 10)。

2.3　木材生産機能の評価

木材生産機能の評価結果は表 3 のようになった。最高得点に近い，総じて高い評価結果となった。評価地点は傾斜がゆるく，道路もあるなど，立地条件として木材生産に適している面が評価されたといえる。しかし，過去に野ネズミ被害などを受けてきた影響で株立ちしたものや，枝打ちが不十分なものがあり，このことが曲がりや節などの欠点を生じさせていると判定した。

枝打ちを実施すると評価の得点が増えるが，間伐により蓄積が減少すると，蓄積と成長量の得点が減る可能性がある。逆に，間伐により胸高直径の小さな木を中心に伐採すると，形状比は下がり，得点は増える。これらの結果，現況がさまざまに異なる調査区ではあったが，評価には大きな違いが生じなかった。

2.4　生態系保全機能の評価結果

調査区1と2で絶滅危急種であるオオタカが確認され，「高い」という評価になった(表4)。

希少性の評価を除くと，調査区1が，鳥類も植物も種数が多く，「高い」という評価結果となった。間伐で林内が明るくなったことや，林内で頻繁に歩く通路ができ，そこに多くの草本が侵入したことにより，草本の種数が増加したと思われる。ほかの3か所は，鳥類の指標種確認種数または植物の確認種数によって，「やや高い」となった。調査区5は，藪になっていて河川も近く，鳥類の生息が期待されたが，実際の確認種数は最低であった。

2.5　生活環境保全機能(二酸化炭素貯蔵機能)の評価結果

二酸化炭素貯蔵量は，カラマツ林のなかでは手入れされた箇所でもっとも少なく，形質不良木が多く残された箇所で多くなっていた(表5)。森林の手入れとは樹木を伐採することであり，森林における貯蔵量が短期的には減少することが避けられない。この点については，この章の最後の節でもう一度触れることにしたい。

3.　日本製紙社有林の森林機能評価

3.1　調査方法

2006年11月10日，日本製紙のカラマツ人工林2か所(調査区1および2)において，木材生産機能と生活環境保全機能の評価のための調査

表4　トラストの森における生態系保全機能の評価

項目	調査区1	調査区2	調査区4	調査区5
希少性の評価	**高い**	**高い**	**確認情報なし**	**確認情報なし**
・絶滅のおそれのある種の確認情報	オオタカを確認	オオタカを確認	確認情報なし	確認情報なし
多様性の評価	**高い**	**やや高い**	**やや高い**	**やや高い**
・鳥類の調査	15種 指標種5種	17種 指標種6種	15種 指標種5種	11種 指標種3種
・植物の調査(上木の種数)	2	5	4	1
・植物の調査(草本の種数)	21	15	11	22
自然性の評価	**普通**	**やや高い**	**普通**	**普通**
・森林の自然度	人工林	二次林	人工林	人工林
補足の調査	**−1点**	**2点**	**0点**	**1点**
・大径木	−	1点	1点	1点
・堅果類	−	1点	−	−
・液果類		1点	1点	−
・藪	−	−	−	1点
・階層構造(高木から順に)	2/3，0，1/3，1 (1点)	2/3，1/3，1/3，2/3 (1点)	2/3，1/3，1/3，2/3 (1点)	2/3，1/3，2/3，2/3 (1点)
・河川	−	−	−	1点
・湿地	1点	1点	−	−
・駐車場のある施設および歩道	−2点	−2点	−2点	−2点
・公道がある	−1点	−1点	−1点	−1点
・そのほかの項目は，得点なし				
総合評価	**高い**	**高い**	**やや高い**	**やや高い**

表5　トラストの森における二酸化炭素貯蔵機能の評価

項目	調査区1	調査区2	調査区3	調査区4	調査区5
針葉樹材積(m^3/ha)	154.1	0	234.1	194.3	188.1
広葉樹材積(m^3/ha)	0	65.6	1.3	0.9	0
二酸化炭素貯蔵量(tC/ha)	**52.4**	**37.4**	**80.4**	**66.6**	**64**

を行った。調査区における調査方法は，トラストの森と同様である。ただし，樹高については木材生産機能評価の方法に従って調査区内で3本の樹高を測定し，樹高曲線を作成して蓄積を求めた。また，2007年6月26日に，カラマツ人工林2か所(調査区1および3)と広葉樹天然林1か所(調査区4)において，生態系保全機能の評価に関する調査を行った。鳥類については，2006年6月8日にこの地域で実施したラインセンサスの結果をすべての調査区に適用した。ラインセンサスで確認した種数は，1回目(5時30分～6時30分)に11種(うち指標種3種)，2回目(6時30分～7時30分)に12種(うち指標種4種)であった。

3.2　調査区のようす

調査区1は2006年に間伐され，残されたカラマツは枝打ちもされており，すっきりした林分になっている。間伐作業のため，林床の一部が攪乱されたが，林床にはミヤコザサのほか多くの草本が確認できた(図11)。

調査区2と調査区3は，調査区1近くのカラマツ林だが，最近は間伐や枝打ちなどが行われていない(図12，13)。調査区3には低木が多数生育していた。

調査区4は広葉樹の天然林である。過去に伐採が行われたと思われ，高木の胸高直径はあまり大きくなく，亜高木や低木は少ない。林床は一面ミヤコザサに被われ，それ以外の草本はほとんど確認されなかった(図14)。

図11　調査区1のようす

図12　調査区2のようす

3.3　木材生産機能の評価結果

表６のように，調査区２は総合評価が９点と非常に高い評価になった。調査区１は間伐後，調査区２は間伐前であるため，林齢の若い調査区２のほうが，蓄積が大きくなっており，これが成長量の計算にも反映された。また，この地域のカラマツは一般に樹高が低いが，沢地形の場所で調査された調査区１は樹高が高く，それが形状比を上げ，評価を下げる結果となった。

3.4　生態系保全機能の評価結果

生態系保全機能の評価基準では，「自然性の評価」において二次林を「高い」と評価することになっているため，広葉樹天然林である調査区４のみ「高い」と評価されるが，ミヤコザサ

表６　日本製紙社有林における木材生産機能の評価

項目	調査区１	調査区２
林齢（年）	41	39
平均胸高直径（cm）	20.9	22.0
上位４本の平均樹高（m）	23.1	18.1
蓄積（m^3/ha）	214.8	223.1
成長量（m^3/ha・年）	5.5	6.2
形状比	111	82
評価項目		
（A）面積１ha 以上	○	×
（B）枝打ちを実施	○	×
（C）材の欠点がない	×	○
（D）傾斜 10°以下	×	○
（E）道路から 100 m 以内	○	○
（F）蓄積 150 m^3 以上	○	○
（G）成長量６ m^3 以上	×	○
（A）〜（G）の合計	4	5
形状比による得点	**1**	**4**
（A）〜（G）の得点（最高５点）	**4**	**5**
総合評価	**5**	**9**

成長量および形状比の計算方法は，森林機能評価基準による。

図 13　調査区３のようす

図 14　調査区４のようす

が密生しているため草本の種数はもっとも少なく，むしろカラマツ人工林における種数のほうが多かった(表7)。カラマツ人工林は，一方は低木がほとんどなく，他方は低木が多数侵入しているため，外見はかなり異なっているが，草本の種数はほぼ同じであった。

3.5　二酸化炭素貯蔵機能の評価

日本製紙社有林で調査した2か所を比較すると，間伐を行った調査区1のほうが二酸化炭素貯蔵量は少なかった(表8)。しかし，林齢がほぼ同じトラストの森のカラマツ林と比較すると，間伐直前であった調査区3には劣るものの，貯蔵量はかなり多いといえる。

4.　萩の里自然公園

萩の里自然公園は，現在は白老町が公園として管理している広葉樹二次林であるが，かつては炭焼きが行われ，窯の跡が多数確認されている。この森林では，文化創造機能，生態系保全機能および二酸化炭素貯蔵機能の評価を行ったが，ここでは文化創造機能の評価についてのみ結果を紹介したい。

文化創造機能の評価

2006年月11月18日に，後述するワークショップに集まった13名(ワークショップ参加者6名，研究者7名)で，まず2時間程度，萩の里自然公園を散策した。その後，この公園の印象や，

表7　日本製紙社有林における生態系保全機能の評価

項目	調査区1	調査区3	調査区4
希少性の評価	**確認情報なし**	**確認情報なし**	**確認情報なし**
・絶滅のおそれのある種の確認情報	—	—	—
多様性の評価	**やや高い**	**やや高い**	**普通**
・鳥類の調査		12種 指標種4種	
・植物の調査(上木の種数)	1	1	6
・植物の調査(草本の種数)	14	13	11
自然性の評価	**普通**	**普通**	**高い**
・森林の自然度	人工林	人工林	二次林
補足の調査	**1点**	**1点**	**2点**
・堅果類	—	—	1点
・液果類	1点	1点	—
・更新の阻害要因としてササが大きい	−1点	−1点	−1点
・河川	1点	1点	1点
・樹種・樹高など異なるタイプの林分が混在	1点	1点	1点
・階層構造(高木から順に)	1/3，0，1/3，2/3 (0点)	1/3，0，1/3，1 (0点)	2/3，1/3，0，1 (1点)
・公道がある	−1点	−1点	−1点
総合評価	**やや高い**	**やや高い**	**高い**

表8　日本製紙社有林における二酸化炭素貯蔵機能の評価

項目	調査区1	調査区2
針葉樹材積(m^3/ha)	214.8	223.1
広葉樹材積(m^3/ha)	0	0
二酸化炭素貯蔵量(tC/ha)	73.0	75.9

図 15　萩の里森林公園の散策路

表 9　萩の里自然公園の文化創造機能評価において参加者がつけた点数

評価軸	3点	2点	1点
固有性	0人	10人	3人
自然性	1人	11人	1人
郷土性	1人	12人	0人
傑出性	0人	6人	7人
眺望性	2人	7人	4人

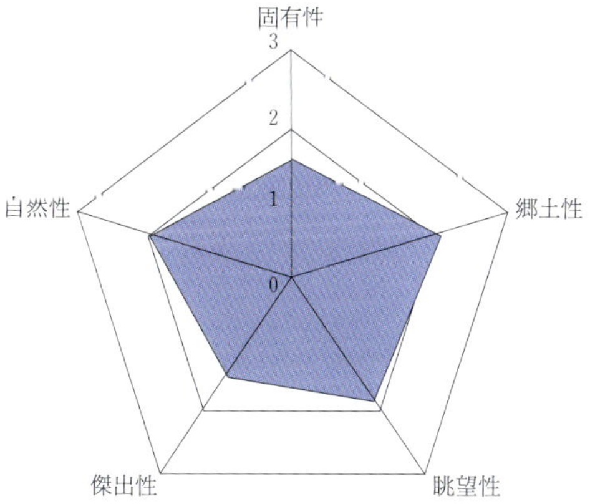

図 16　萩の里自然公園における文化創造機能の平均得点によるレーダーチャート

これまでに各自でもっている情報をもとに，文化創造機能について評価を行った。

参加者の評価は表9のように分かれたが，評価の平均値をとると，林業体験などの舞台となる「活用型」に近いものになった(図16)。実際に，ボランティアによる整備などが行われているほか，郷土学習の場や日常的な散策コースとしても利用されており，平均的には現状を支持するような評価であると思われる。

5. 流域全体の二酸化炭素吸収・貯蔵機能の評価結果

各評価地点における評価結果は上記のとおりであるが，二酸化炭素に関わる結果についてはもう少し補足の結果を示したい。森林機能評価基準では二酸化炭素「貯蔵」機能について結果を示しているが，現在，どれだけの吸収能力があるかについては示していない。現在どれだけの二酸化炭素を貯えているかという事実も重要であるが，どれだけの二酸化炭素を吸収する能力をもっているかという事実も重要である。

二酸化炭素吸収能力は，森林の成長量をもとに評価する。成長量はある期間の初めと終わりの時点における蓄積の差であるから，何らかの方法で蓄積の変化がわかれば結果を得ることができる。蓄積を求める方法として，現地に調査区を設けて毎木調査し，その結果を集計するという方法のほかに，民有林の樹種や林齢などのデータを管理している北海道庁の森林調査簿を活用する方法がある。森林調査簿には，樹種や林齢のほか，その地域の成長の良し悪しを示す「地位」が記録されている。これまでの全道の

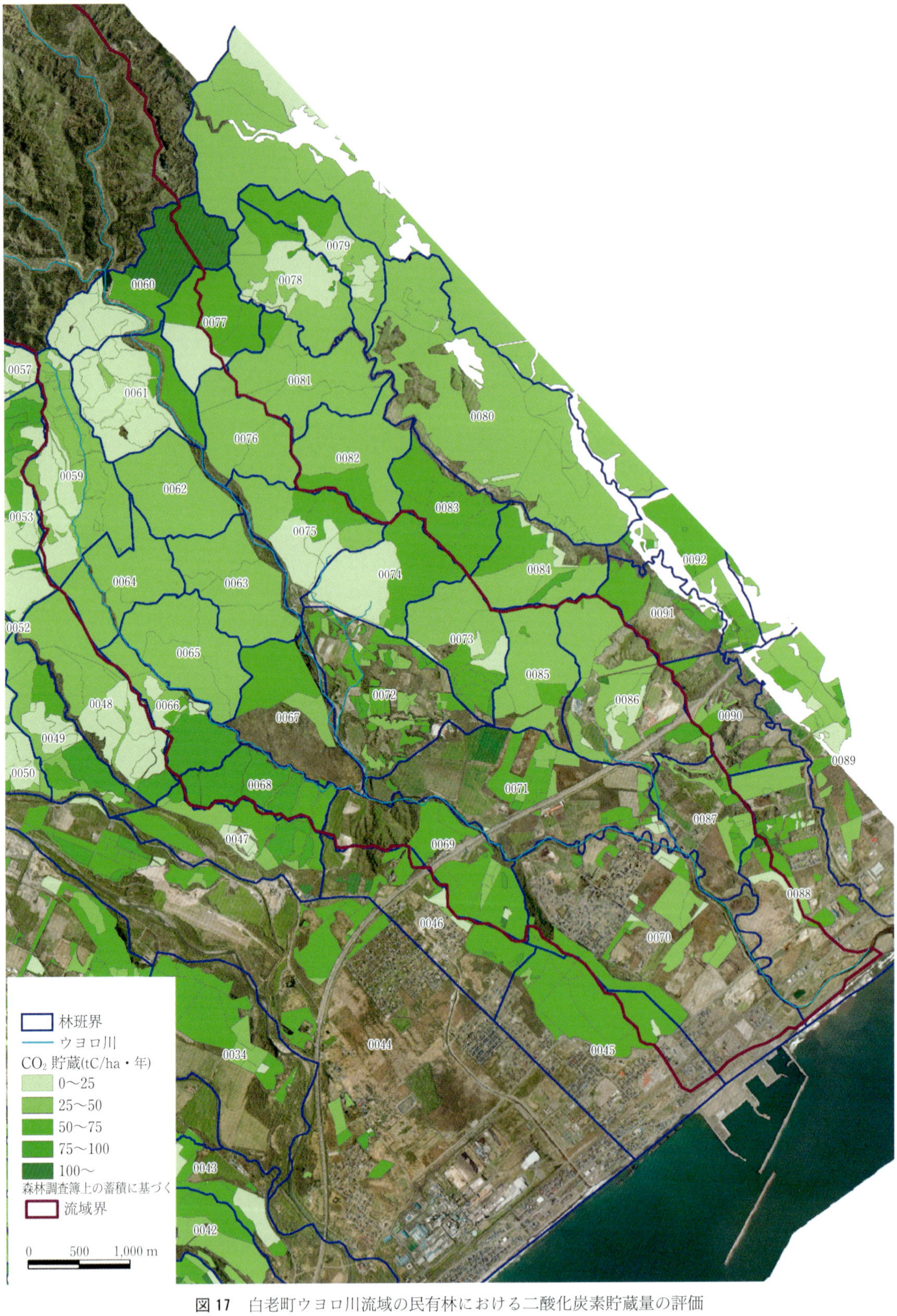

図 17 白老町ウヨロ川流域の民有林における二酸化炭素貯蔵量の評価

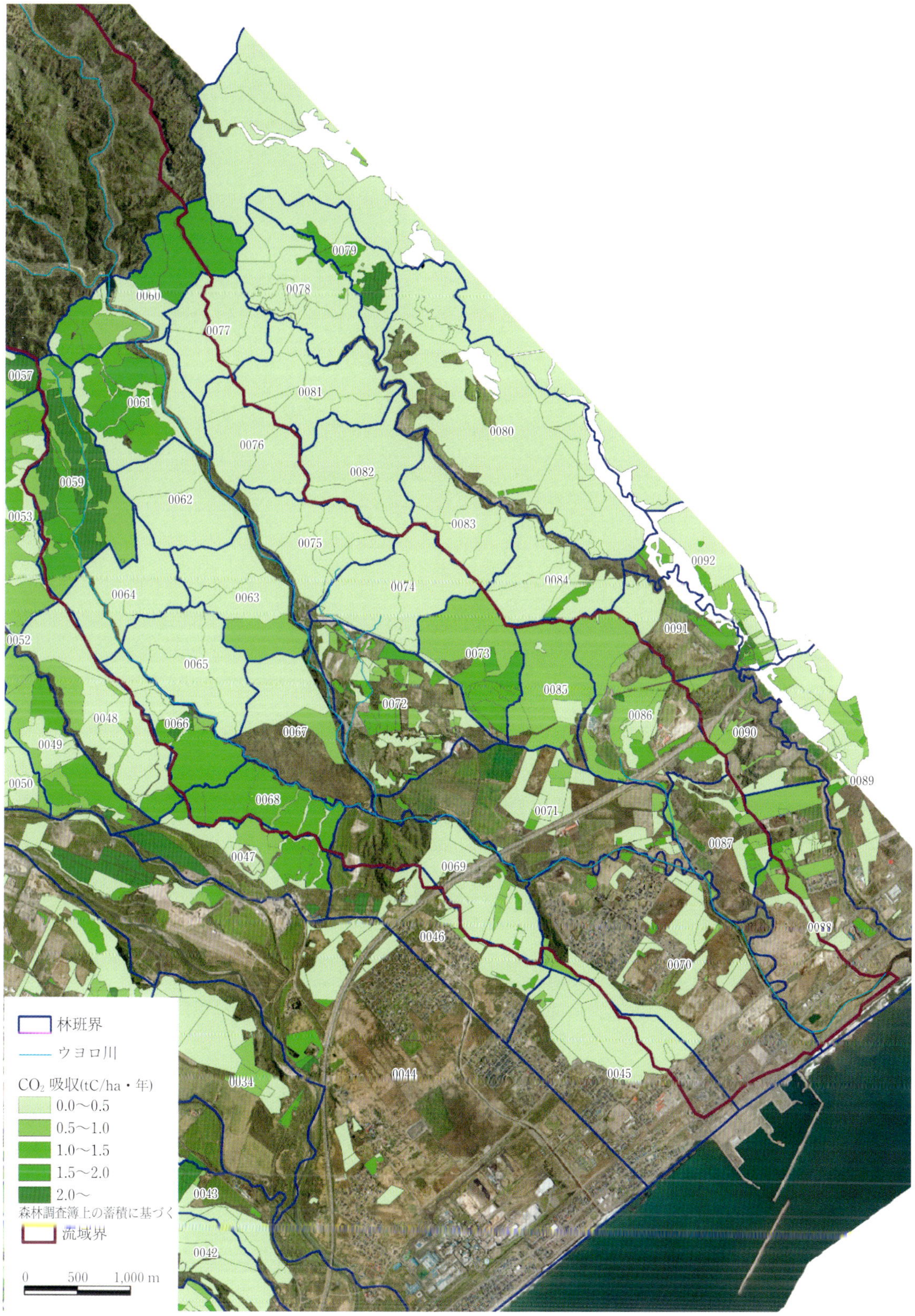

図18　白老町ウヨロ川流域の民有林における二酸化炭素吸収量の評価

森林における生育状況から，樹種，林齢，地位と蓄積の関係を示す表が作成されており，これをもとに森林の成長量を求めることができる。もちろん，森林機能評価のように現場で調査をしているわけではないため，精度については目をつぶらざるをえない。ウヨロ川流域の森林調査簿から，森林の二酸化炭素貯蔵量を求めると図17のような結果を得ることができる。これはこれまで示してきた結果の流域版としてとらえることができる。貯蔵量が多いのは，林齢の高い天然林やカラマツ人工林で，若齢の人工林の貯蔵量が少なくなっている。一方で，成長量から計算した吸収量は，トドマツやカラマツの人工林で多くなっている(図18)。

森林は成長とともに二酸化炭素を吸収して貯えていくが，これは樹木の葉のはたらきによる。そのため，植えられたばかりの森林よりも，枝葉が茂って完全に樹木の葉で被われた森林のほうが成長量は大きくなる。しかし，森林は二酸化炭素を吸収し続けられるわけではない。樹木が大きくなると，幹や根を維持するための呼吸量が増加するなどして成長率は低下し，なかには枯れる木もでてくる。枯れた木は，微生物などによって分解され，再び二酸化炭素を放出することにもなる。そのため，林齢の高い森林では吸収量は低下する。極相林といわれるような非常に成熟した森林では，吸収量と放出される量がつりあった状態になり，二酸化炭素を吸収しない。これらの結果，貯蔵量の少ない若齢の人工林で，二酸化炭素の吸収機能がもっとも高くなる。

第6章
ウヨロ川流域の森林施業

1. 森林施業とは？

森林施業というのは，対象とする森林に関して，ある管理目標(たとえば木材の生産，あるいは高度な水源かん養機能の発揮など)があるとき，その目標を達成するために，人間が森林に対して行う植栽や伐採などのはたらきかけを意味する。したがって，森林施業には，対象の森林を将来どのように誘導したいかという具体的なイメージが不可欠である。木材生産が目標の場合でも，どのような性質の樹木で，どれくらいの大きさの樹木を，単位面積当たりどれくらい生産するかという具体性があるのが望ましく，そのためにはどのような密度調整(単位面積当たり何本の樹木を育てるか)が必要かという施業計画が立案される。またレクリエーション利用を目標とするならば，利用する人たちの入り込み数，ニーズ，対象年齢層などに即した施業計画を立案する必要があるだろう。

林業の目標には，現在では環境の保全など公益的機能の発揮というのも含まれるが，元来は木材生産が主要な目標である。この場合，施業の目的となるのは，木材の収穫と森林の育成に大別できる。木材の収穫とは，建築や製紙に利用するために，利用に適した樹木を伐採し売却することである。伐採対象の森林には，天然林，人工林の両方が含まれる。また森林の育成とは，最終的に収穫の対象となる樹木を適切に育てるために行う樹木の成長途上での人為的なはたらきかけのことである。人工林で行われる間伐(単位面積当たりの樹木本数の調整，間引き)は，育成のための施業のわかりやすい例であろう。最近では，天然林に対しても，受光伐という育成施業が行われている(口絵参照)。収穫や育成を目的とした樹木の伐採は，森林の生態系機能を損なわない適切な範囲内で行っていれば，環境保全や公益的機能の発揮という森林機能を大きく低下させることはないと考えられる。特に，育成のための施業は，森林の機能を増大させる効果も期待できる。しかし，森林の環境保全機能や公益的機能は，定量的に測定することが困難であるため，森林施業の影響を予測することが難しい。このため，従来森林の伐採量は，施業対象の森林の成長量以下とする方法が採用されてきた。この方法では，森林蓄積を減少させることがないため，森林のさまざまな機能を大きく損なうことはないだろうと考えられてきたためである。しかし，開拓以来の北海道の森林の変遷を顧みると，この伐採量の規定方法は，単独ではあまり適切ではないと考えられる。森林の樹種構成(どんな樹種が，どれくらいの割合で混じっているかということ)やサイズ構造(どんな大きさの樹木が，どれくらいの割合で混じっているかということ)の維持という視点が欠けているからであり，たとえ成長量＞伐採量が守られていても，森林の構造は変化してしまい，それとともに，森林機能にも影響があると考えられる。森林のさまざまな機能と施業との関係を定量的に明らかにしていく努力は今後ますます必要であり，また，樹種構成やサイズ構造などの成長量以外の森林の属性を維持するような視点からの施業計画の立案が必要である。

少し広い面積で考えると，樹種構成などが異なる森林を区分して，それぞれに求められる主要な機能を定めて，対象域全体としての機能を健全に維持するという視点が，森林施業に求められるだろう。このような対象域として考えやすいのが「流域」単位になるだろう。森林とそのおもな機能の区分は，すでに行われていて，さまざまな種類の保安林が設定されている。ただ，機能区分と施業との結びつけが行われていず，保安林に関しても，伐採率(蓄積に対する伐採量の割合)の規制はあるが，目的の異なる保安林に対しても，同じような伐採が行われているのが実情である。今後は，森林のおもな機能に即して適切な施業計画を立案していくことが必要である。

2. 天然林と人工林の違い

天然林とは，自然に散布された種子や栄養繁殖体から生えた樹木から構成される森林であり，繁殖体が人為的に持ち込まれたり，植栽された樹木から構成される場合が人工林である。一般に人工林は，1種類の樹木を一斉に植栽して造成されることが多い。このため，天然林と人工林では，いろいろな点で違いが見られる。

まず樹種構成である。天然林でも，たとえばシラカンバ林のように，ほぼ1種類の樹種から構成される森林もあるが(純林という)，多くの樹種が混生するのが普通である。これに対し，人工林は通常1樹種だけが植栽される。混植される人工林も稀にあるが，樹種数は多くはない。また樹齢は，天然林では，さまざまな樹齢の樹木が混生するが，人工林ではみんな同じである。このため，天然林では，いろいろな大きさの樹木が混生し，ひとつの森林内に樹高 30 m 以上の大きな樹木から，芽生えたばかりの小さな樹木までが混ざっている。人工林では，植栽後下刈り・ツル切り・除間伐などの保育作業が行われることもあり，すべての樹木がおおよそ同じように育って，樹木間の大きさにあまり差のない状態となる。樹木の空間的な配置にも違いがあり，天然林では，樹木間の距離はさまざまであるが，人工林では等間隔で，規則的に配置されている(図1)。

このような森林の状態の違いは，森林を良い状態で管理するための人為的な関わり方にも影響を及ぼす。天然林では，大きさの異なる樹木が不規則な間隔で混生するため，樹木間の優劣が明確であり，通常は樹高の高い樹木が，樹高の低い樹木に対して圧倒的に優勢な状態にある。樹木の生活には，光，養分，水が不可欠だが，森林では樹高の高い樹木が一方的に光を占有してしまうためである。そのため，林内の高さが低いところに届く光の量は，林外の5%以下であることも珍しくはなく，このような環境は，樹木の生残・成長には非常に厳しい環境である。そのため，樹高の低い樹木は自然に枯死するこ

図1　天然林と人工林の違い。天然林では，大きさ・樹齢の異なる樹木が，不規則な空間配置で混生していて，樹木間の優劣が明瞭である(上図)。これに対し，人工林では，1樹種が規則的な間隔で植栽されている(下図)。同じ樹種なので，もともと成長速度に大きな差がなく，また保育作業も行われるため，同程度の大きさの樹木が優劣なく，混生する状態となる。このため，人工林では，人為的な密度調整(間引き)が不可欠である。

とが多く，また樹高の高い樹木同士でも競争があるので，天然林では，常に自然の間引きが生じていて，密度調整が行われている。これに対して，人工林では，同じ樹種で，樹高にもあまり差のない樹木が等間隔で並んでいるため，天然林に比べると樹木間の優劣がはっきりせず，自然間引きが作用しづらい状況にあり，人工林を手入れせず放っておくと，すべての樹木がひょろひょろとした幹が細長い状態になってしまう。そのような森林は，強風や冠雪などの気象害や，病虫害などによって一斉に倒壊しやすい。人工林は，人為的な手入れが必要な森林であるといえ，人為的な間引き，つまり除間伐が不可欠な森林である。人工林は，人間の保育が欠かせない森林なのである。

3. 除間伐の必要性

では，森林に対する代表的な保育作業である間伐は，樹木に対して，どのような効果があるのだろうか。まず，一般的な人工林施業について，概説しておこう。

地域や樹種によっても異なるが，人工林では，最終的に必要な樹木の密度よりも相当に多い本数が植栽される。北海道の代表的な人工林樹種であるトドマツやカラマツでは2,000〜3,000本/haの密度で植栽されるのが一般的である。樹木が十分に成長して，木材として利用するために伐採するときの密度は300〜500本/ha程度であるから，4〜10倍多い本数を植栽している。植栽した後は，ほかの植生との競争を緩和するため下刈りやツル切りなどの保育作業を行う。下刈りは，植栽木以外の植生を年1〜2度刈り取って，植栽木に十分光が当たるようにし成長を促す作業で，ツル切りは，植栽木がまっすぐ育つよう，巻き付いてくるツル植物を切る作業である。これらの作業は，北海道では3〜8年ほど続けられる。植栽木の樹高が林床植生より大きくなり，林齢(植栽した年を1年生として数えた人工林の年齢)15〜30年生以降になると，林冠が閉鎖するようになる。林冠とは，樹木の枝葉が茂っている層のことであり，林冠閉鎖とは，下から見上げたとき樹木の枝葉が隙間なく空間を被った状態である。この時期以降になると，植栽木間の競争が激しくなり，自然に枯死する樹木が生じてくる(自然間引きという)。またそのような状態では，植栽木はひょろひょろとした力学的に弱い状態の樹形となってしまう。このような状態を防いで，また植栽木の成長を促すために行われるのが除伐や間伐である。除伐も間伐も密度調整を目的とする人工林に対する保育作業であるが，伐採した樹木を販売し，利益がある場合を間伐といい，販売をともなわない場合を除伐という。北海道では，最終的に木材の収穫を目的にして人工林を伐採するまでに4〜5回以上の除間伐を行っていることが多いと思われる。以前は，この最終的な伐採は皆伐(一斉にすべての植栽木を伐採する方法)が行われていたが，現在は木材価格の低迷と，環境保全の面から，伐採を数回に分けて行う方法が採用されることもある。伐採時の林齢は樹種によって異なるが，おおよそ50〜80年生ほどと思われる。

では，なぜ最初に植栽するとき，最終的に必要な密度より多く植栽するのであろうか。一般には，次のような理由が挙げられる。

- 早期に林冠を閉鎖させ，植栽木と他植生との競合を緩和する。
- 成長途上で枯れる植栽木があるので，多く植栽する。
- 通直性(幹がまっすぐであること)を確保し，枝の枯れ上がりを促進し，また不良木を除去できる。
- 地力の維持。
- 間伐による収入が見込める。

また，除間伐による効果としては，次のようなことが挙げられる。

- 除間伐によって，残された樹木の成長を促進し，早期に木材としての利用に適した径級(幹の直径)に成長させる(適当な年輪幅を確保する)。
- 密度が高いと形状比が高く，樹冠の小さな個体となる(形状比：樹高と胸高直径の比，胸高直径：地上1.3 m，あるいは1.2 mにおける幹の直径)。そのような樹木は気象害(風害・冠雪害など)や病虫獣害を受けやすいため(一斉崩壊型・共倒れ型林分という)。

- 林冠閉鎖が長く続くと，林床植生が衰退し，表土が流亡しやすく，地力が減退するのを防ぐため。
- 枯死した樹木や，形質の不良な樹木を除去する。

このように，除間伐が適切に行われない場合，人工林全体のレベルでも，1本1本の樹木のレベルでも，さまざまな悪い影響が生じるが，特に樹木が細いと，伐採しても木材としての価格が安く販売による利益を得ることが難しいため，間伐などの保育作業が行われていない人工林が増えてきている。農業産品や漁業産品も同じであるが，木材も原価がいくらかということに関係なく，消費者の購入する価格(市場価格)が形成されていて，樹木を伐採したときの利益は，その市場価格から原価を引いた残りとなっている。そのため，間伐しても利益がマイナスになることも多く，人工林の保育が進まない状況にある。

4. 林分密度管理図

人工林では，除間伐による密度調整が重要であるが，ではどれくらいの時期に，どれくらいの密度にすればよいのであろうか。除間伐計画を立てるときによく利用されるのが林分密度管理図(図2)である。ここでは，北海道のトドマツ人工林の図を例示した(真辺，1974)。林分密度管理図について，どういう図であるのか，またどのように利用できるのか，説明しておこう。まず，横軸は密度の対数値であり，縦軸は蓄積

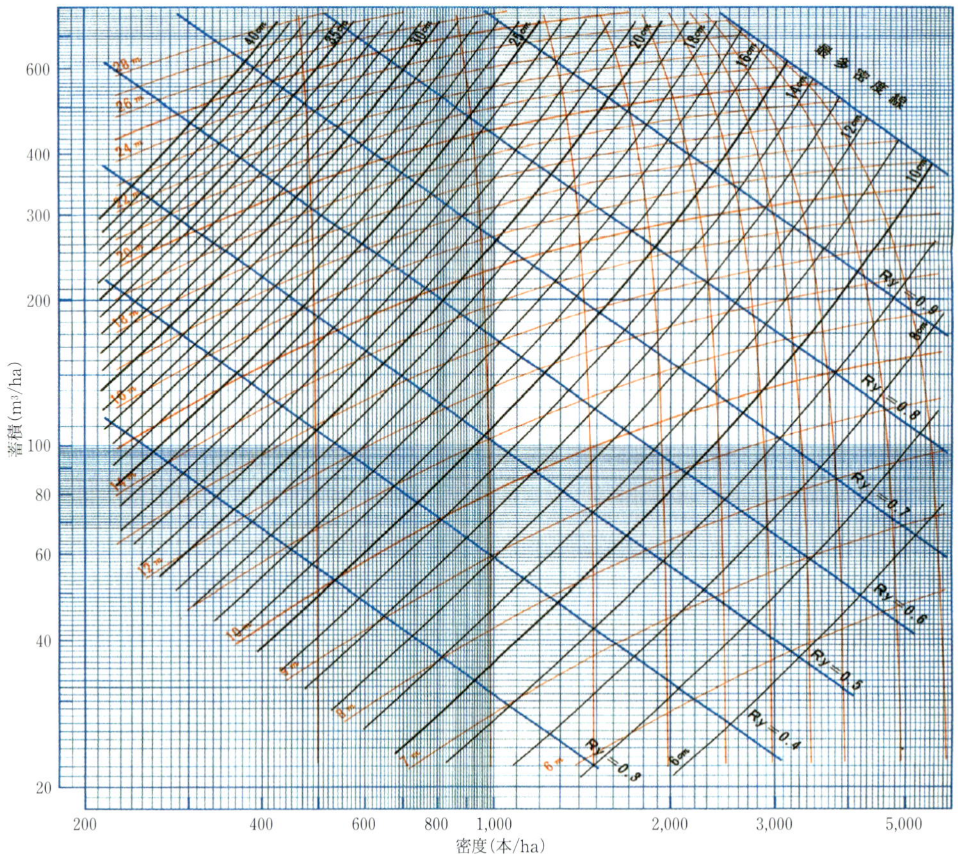

図2　トドマツ人工林の林分密度管理図(真辺，1974より許可を得て転載)

：等平均樹高線，　：等平均直径線，　：自然枯死線，　：収量比数線

の対数値となっている。人工林のような1樹種からなる同齢林では，蓄積と密度のあいだに次の式が成り立つ。

$$\frac{1}{V}=A+\frac{B}{N}$$

ここで，V：蓄積(単位面積当たりの幹の合計体積，m³/ha)，N：密度(単位面積当たりの樹木の本数，本/ha)，A，B：成長段階で決まる定数である。

この式は，収量－密度効果の逆数式といわれる。この蓄積と密度の関係を，林の上層高ごとに示したのが，等平均樹高線で，密度管理図(図2)では上に凸な橙色の線であらわされている。上層高(＝上層樹高)というのは，日本では樹高の高い個体から1ha当たり250本(あるいは100本)の樹木までの平均樹高として求められる。上層高は，林分密度の影響を受けないとされ，林の成長段階の指標とされる。樹木の成長は，土地の条件によって大きく異なるので，林の成長段階は，林齢ではなく，上層高で評価されている。

さらに，等平均直径線が，各直径ごとに，黒色の上に凹な線で示されている。これらの線は，林の平均直径が，示された直径と一致する位置を示している。また垂直方向に立ち上がる橙色の線が描かれている。それらは，自然枯死線であり，ある植栽密度で植栽された人工林で，自然の間引きが起こるときの推移を示す線である。右下がりの直線群があるが，それらのもっとも右上にある直線が最多密度線といわれる線であり，トドマツ人工林における蓄積と密度のあいだの最大の関係を示している。1樹種からなる同齢林では，樹種ごとに，ある密度のときに限界となる最大蓄積というのがある。つまり，森林という空間に無限に物質をつめることはできず，限界となるところが存在しているのである。この関係は，次の式であらわされ，対数軸上では直線となる。

$$V=kN^{-\alpha}$$

ここで，V：蓄積，N：密度，k，α：樹種によって決まる定数である。

多くの樹種で，$\alpha≒0.5$である。この直線上にある状態が，トドマツ人工林ではもっとも混み合った状態である。最多密度線に平行に引かれた直線群(R_yが示されている)は収量比数線といい，人工林の混み具合を判断する目安となる線である。最多密度状態が$R_y=1$であり，R_y値が大きいほど混み合った状態を示す。

では，次に林分密度管理図の利用の仕方についてであるが，まずある植栽密度で成長を始めた人工林が，ある一定期間成長したときの密度と蓄積を知ることができる。たとえば，植栽密度が2,000本/haの場合を考えよう。密度2,000本/haのところから上にむかって伸びる自然枯死線をたどっていくと，上層高10mの等平均樹高線との交点は，密度＝1,910本/ha，蓄積＝120m³/ha，上層高20mとの交点は，密度＝1,690本/ha，蓄積＝505m³/haであることがわかる。つまり任意の植栽密度について，除間伐のない場合の任意の上層高での密度と蓄積を知ることができる。また除間伐がある場合については，除間伐によって等平均樹高線から著しく逸脱するのは具合が悪いので，下層間伐(林のなかで樹高の低い細い樹木から伐採する方法，間伐効果はほとんど期待できない)を想定するが，任意の上層高において，任意の間伐率での間伐をシミュレーションでき，間伐後は周囲の自然枯死線におおよそ並行に林を成長させることで，間伐後の成長についても予測することができる。この過程を繰り返すことによって，最終的な伐採時までの保育過程を予測することができ，各間伐時の収穫材積や，最終伐採までの全収穫量を知ることができる。さらに，それらの間伐経路を逆にたどることによって，ある最終的な生産目標があるとき(最終段階での密度，上層高，平均直径などが想定されるとき)，最初何本植えたらよいのか，植栽密度を知ることができる。もちろん，実際の人工林の密度・蓄積と林分密度管理図とが誤差なくぴったりと合うわけではないが，蓄積の誤差は±20%の範囲内にあることが多い。

密度管理図を利用するには，林分の成長段階は上層高で評価されるが，やはり林齢で考える

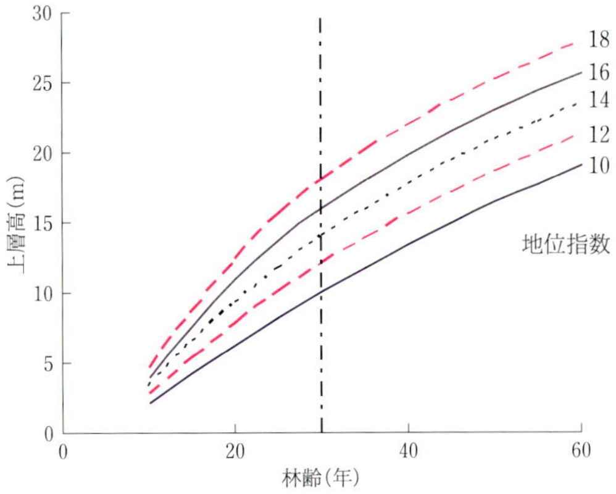

図 3 トドマツ人工林の地位指数。基準林齢は 30 年生で，地位指数 10～18 まで示してある(図中の数字)。地位指数を用いることによって，上層高を林齢へ変換することができ，林齢によって間伐計画を立案することができる。

ことができれば，いつ間伐を行うか検討するのに便利である。このためには，地位指数を用いる。地位指数とは，ある樹種の上層高の成長を，土地の条件ごとに示したものである。樹木の成長のうち，幹の直径の成長は樹木の密度に強く影響されて大きく変化するが，樹高成長は土地条件によって影響されて変化する。樹高成長の速い立地，遅い立地というのが，これまでも広く認められている。そこで，土地の条件ごとに上層高の成長を予測したのが地位指数である。地位指数は，土地の条件ごとに，林齢と上層高との関係を表にして示してある。ある林齢を基準として，そのときの上層高を示した数値が地位指数としてあらわされていて，土地の条件の良い場合，つまり樹高成長の速い場合ほど，地位指数が大きな数値となる。トドマツの地位指数の一例を，表ではなく，グラフで図 3 に示した(真辺，1974)。この場合の基準林齢は 30 年生であり，30 年生時に期待される上層高を用いて，地位指数 10～18 までが与えられている。たとえば，地位指数 16 というのは，林齢 30 年生のときの上層高が 16 m と期待される土地条件の場合を示している。この場合，林齢 40 年生では上層高 19.8 m，林齢 50 年生では 23.0 m と予測され，これらの関係を用いることによって，林分密度管理図の上層高を林齢へと変換し，年数を用いて，間伐計画を立てることができる。

5. ウヨロ川流域の森林管理

ウヨロ川流域の森林管理の検討には，おもに収量比数と形状比(樹高と胸高直径の比，普通 100×樹高/胸高直径で算出する)を用いて，風害を受ける確率の軽減と，林内の種多様性の増大ということを中心に検討を行った。人工林の平均形状比は，森林機能評価基準でも用いられていて，根返り害や幹折れ害などの風害の受けやすさに影響する要因である。さらに形状比は収量比数と密接な関係があるので，林の混み方や林冠閉鎖度とも関係がある。林の混み方や林冠閉鎖度は，林内における植栽木以外の植物の多様性に影響し，林全体の種多様性とも関連する要因である。たとえば，北海道のカラマツ人工林内の明るさについては，収量比数(R_y)＝0.8 で相対照度(林外で何の障害もなく日光が当たる場合を 100% としたときの林内の明るさの相対値)は 14%，R_y＝0.6 で 21%，R_y＝0.4 で 30%程度であることが示されており(小山，1996)，R_y が小さいと林内が明るく，さまざまな植物の生育が可能であり，また形状比は小さくなり，樹高に比較すると幹直径が太い頑丈な樹形となり，風害を受ける確率は小さくなる。もちろん，林業的には木材生産が最重要課題であり，そのためには蓄積量が重要な因子であるが，ウヨロ川周辺では，森林に木材生産機能以外の機能，たとえば水源かん養機能や森林に親しむ機能，また森林に親しむためにさまざまな活動を行うことを期待していると考えられる。このため，除間伐を適切に行うことによって，林内の植物の種多様性を向上させることや，風害確率を低下させることも，木材生産機能とバランスよく考え合わせ，管理の現状と将来の方向性について検討を行った。以下では，今回調査が行われた森林のタイプ別(カラマツ人工林・トドマツ人工林・広葉樹天然林)に分けて，林分密度管理図(たとえば図2)を使用して検討を行った。

6. カラマツ人工林の管理

カラマツ人工林では，6か所について調査を行った。結果は表1に示した。72林班72小班と73小班では2か所調査区を設定したが，72小班(1)調査区は，過去に保育作業が行われたところ，(2)調査区は保育作業が十分ではなく，ツル類の被害が多いところに設定した。また73小班(1)調査区は適切に間伐が行われている箇所，(2)調査区は，原因は不明であるが，植栽木が少なく保育が不十分な箇所で調査を行った。林齢は38～43年生であった。また72-73(1)と72-73(2)の林相写真を図4に示した。

6.1　林況と今後の施業について

表1に示した調査区のうち，66-4調査区と73-16調査区は，ともに上層高が24.9 mであり，おおよそ地位指数24(図5)に該当する。これは，石橋(2006)による区分ではI等地に区分され，成長の良い立地といえる。72-72(1)と(2)は上層18.7 mと17.3 mで，地位指数18に該当し，72-73(1)と(2)は地位指数20に該当し，ともにII等地に区分され，やや成長の劣る立地である。

林況を判断するのには，日本林業技術協会(現日本森林技術協会)による北海道地方カラマツ林分密度管理図(1999)を利用した。調査区の上層高と密度によって，林分密度管理図で期待される蓄積を読みとると，189(調査区66-4)～435 m³/ha(調査区73-16)であり，全調査区の蓄積は林分密度管理図の期待値の51～82%であった。平均直径も75～96%であり，密度の割には直径成長が小さく，それ以上に蓄積の小さい状態であるといえる。地位指数から判断すると，それほど成長の悪い立地条件とは思われないが，直径成長は，北海道のカラマツ人工林で期待される平均よりも劣るというのが，調査地全体の特徴といえる。夏季に霧が多く，比較的冷涼である気候や，支笏・樽前火山群から噴出した火山噴出物から構成される未熟土壌であることが影響しているように推察される。蓄積と上層高の関係から，各調査区の収量比数を求めると，72-72(1)調査区(0.75)を除くと，0.4未満～0.59であった。カラマツ人工林では，比較的高密度で管理する場合(密仕立て)の目安が収量比数0.8であり，逆の疎仕立て(低密度管理)で0.6とされる(真辺，1973)。したがって，当地の林の現況は相当疎な状態であると判断される。密度や蓄積といった面からは，保育が行われている場合と適切ではない場合とでは，あまり顕著な違いはなかった。実際には，保育が適切ではない場合，幹形に欠点のある樹木が多くなるので，やはりツル切りや間伐などの保育作

表1　カラマツ人工林の林況

	林小班					
	66-4	72-72(1)	72-72(2)	72-73(1)	72-73(2)	73-16
林齢(年)	43	38	38	39	39	39
密度(本/ha)	175	1150	1075	475	600	675
蓄積(m³/ha)	112	234	104	161	188	223
平均胸高直径*(cm)	25.5	17.7	17.5	21.5	21.7	22
平均樹高(m)	22.9	14.8	12.9	17.4	16.5	15
上層高*2(m)	24.9	18.7	17.3	19.6	20.4	24.9
平均形状比*3	94	87	78	84	78	94

* 地上1.3 mにおける幹の直径の平均値。
*2 樹高の高い樹木1 ha当たり100本の平均樹高。
*3 形状比：100×樹高/胸高直径。

図 4　間伐が行われているカラマツ人工林(上：72-73(1))と保育が不十分なカラマツ人工林(下：72-73(2))。間伐が適切に行われている場合，樹木の配置が適当に調整され，幹形も通直であり，林内も適当に明るい。保育が不十分な箇所では，樹木の空間配置が不規則で，幹にも曲がりが多く，幹の直径もばらつきが大きい。また林床はササに厚く被われ，林床植生が貧弱である。

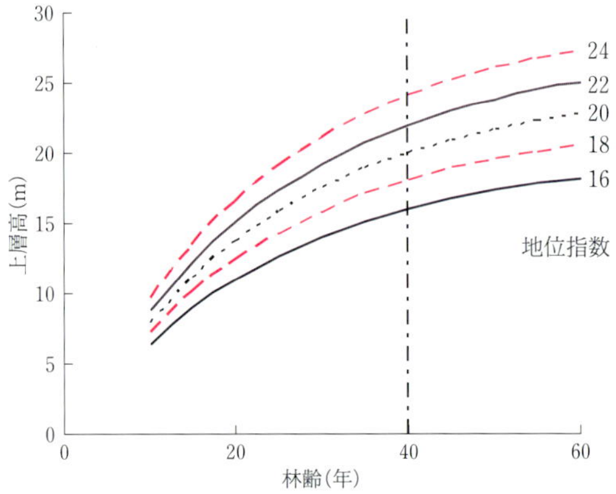

図 5　カラマツ人工林の地位指数(石橋，2006)。基準林齢は 40 年生であり，地位指数 16〜24 まで示した。

業は重要である。

では，今後の人工林の管理について検討しよう。地位指数 20 では 60 年生で上層高 22.7 m，24 では 27.3 m が期待される。各調査区で今後枯死木が発生しないと仮定すると，60 年生時に期待される蓄積と平均直径は，調査区 66-4 で 227 m³/ha と 36 cm，調査区 72-73 (1) で 300 m³/ha と 27 cm，72-73 (2) で 340 m³/ha と 25.5 cm，73-16 で 500 m³/ha と 27 cm である。実際の蓄積は，これらの 50〜70%程度と予想されるが，このまま間伐を行わずに放置したとしても，60 年生時の収量比数は，調査区 73-16 以外は 0.65 以下と予想され，間伐の必要性はあまりない。調査区 73-16 では収量比数が高くなる可能性も考えられ，1 回は間伐が必要だろう。ただし，次節で詳述するが，風害の発生確率を低くするという観点からは，現在でも平均形状比は小さいとはいえない。この点については，今後の樹木の成長を継続的にモニタリングする必要がある。

6.2　風害の発生を抑えるためには？

人工林は風害を受けやすいタイプの林とされ，カラマツは特に受けやすいとされる。2004 年 9 月に，苫小牧市から支笏湖東側の地域で台風による大規模な風害が発生している。この地域は，気候や土壌条件がウヨロ川流域と類似している。カラマツ人工林の被害は，根返り害がほとんどであった。風害跡の人工林で，樹形と根返り率との関係を調査した結果，カラマツ人工林では，形状比 70 以下の場合根返りがほとんど発生していなかった (渋谷ほか，未発表)。したがって，ウヨロ川流域のカラマツ林でも，風害を避けるためには，平均形状比が 70 以下となるような林の管理が適当であると考えられる。また収量比数でいうと，0.5 以下が安全な範囲である。

表 1 を見ると，現況の平均形状比は 78〜94 であり，風害を避けるためには形状比が高い状態である。形状比を低下させるためにはどうしたらよいかというと，密度を小さくすることが重要で，そのためには間伐が必要となる。蓄積からみると，現況では間伐の必要性は低いが，風害の軽減という観点から考えると，今後間伐が必要になってくると思われる。収量比数 0.5 にあたる密度と蓄積を，地位指数別に表 2 に示す。

表 2　カラマツ人工林の風害を軽減するための管理指針

地位指数		林齢 (年) 40	50	60
18	収量比数*	0.5	0.5	0.5
	密度* (本/ha)	490	430	390
	蓄積* (m³/ha)	177	192	208
20	収量比数*	0.5	0.5	0.5
	密度* (本/ha)	410	360	330
	蓄積* (m³/ha)	200	220	233
24	収量比数*	0.5	0.5	0.5
	密度* (本/ha)	300	260	240
	蓄積* (m³/ha)	250	275	293

*ここに示した数値以下で管理するのが適当。

表 1 に示した林況と比較すると，調査区 66-4 以外は，50 年生までに間伐が必要である。調査区 72-72 (1) と (2) は，密度を 430 本/ha 以下に，72-73 (1) と (2) は 360 本/ha 以下にする必要がある。調査区 73-16 では 260 本/ha 以下とする必要がある。ただし，これらの密度は，2004 年 9 月の台風のように，北海道では 50〜100 年に一度くらいの暴風による被害を避けるための目安である。調査区 66-4 では，林齢 60 年生までの間伐は不必要である。

6.3　人工林内の植物の多様性を高めるためには？

人工林内の植物の種多様性を高めるためには，林床に多様な樹木や草本類が発生し，成長することが必要である。高木類の稚樹が，林内で生残・成長するためには，相対照度で 20〜30%以上の明るさが必要とされる (原田，1954)。小山 (1996) によると，カラマツ人工林内の相対照度は，収量比数 0.5 のとき 25%，0.4 のとき 30%である。これらの明るさは高木類稚樹が必要とする明るさ以上である。草本類については，必要な明るさは不明であるが，林内の植物の多様性を向上させるための管理指針として，収量比数 0.5 以下がひとつの目安として考えられる。

これは，風害を避けるための指針と同じであるので，各林齢における密度と蓄積は，表2に示されている。

また，もうひとつ考慮しなければならないことがある。それは，カラマツ人工林では，林床でササ類が優占することが多いということである。ササ類が優占すると，ササ以外の植物は更新・成長が難しい。このため，人工林内でいろいろな植物を更新させようとするなら，林内の明るさをコントロールするだけでなく，ササ類を排除し，植物が芽生えるのに適した土壌条件を整えてやる必要がある。そのために必要な作業が，ササ刈りやかき起こしである。かき起こしとは，林地を耕耘し，土壌を表面に裸出させる作業であり，かき起こし跡地ではさまざまな樹木が更新することが知られている。ウヨロ川流域は，ササは小型で密度が高くないところが多いので，ササを刈り取るだけでも，植物を更新させる効果は期待できると思われる。

7. トドマツ人工林の管理

トドマツ人工林では，樹木本数が少ないところや，広葉樹が多いところを除くと，4か所の調査を行った(表3)。すべて異なる林である。

7.1 林況と今後の施業について

図3に示した地位指数と比較すると，調査区59-7は地位指数14，59-4は18に，60-11は12に，60-12は16におおよそ該当する。地位指数16以上は比較的成長の良好なところ，14以下はやや劣るところといえる。

林況の検討には，図2に示したトドマツ林分密度管理図(真辺，1974)を用いた。各調査区の上層高と密度から，林分密度管理図で蓄積と平均直径を求めると，59-7は240 m^3/haと14.6 cm，59-4は385 m^3/haと16 cm，60-11は68 m^3/haと11.4 cm，60-12は92 m^3/haと14.4 cmであった。調査区59-7と59-4では蓄積，直径とも調査区のほうが小さいが，60-11と60-12では，蓄積は調査区のほうが大きかった。ただこれらの調査区でも平均直径は小さかった。林齢5齢級(25年生以下)くらいまでは，平均的な樹高の成長が良く，蓄積成長はトドマツ人工林では悪くはないのかもしれない。カラマツ人工林とはやや異なる傾向であった。カラマツ人工林の場合と同じように，蓄積と上層高の関係からおおよその収量比数を求めると，表3の順番で，0.48，0.70，0.68，0.52であった。針葉樹人工林の管理指針でいうと，調査区59-4と60-11は中庸な状態，調査区59-7と60-12は相当疎な状態である。林齢の若い調査区60-11と60-12で密度が小さいのは，植栽仕様(方形植えか，2条あるいは3条植えの違い)によるものである。

今後の施業についてであるが，間伐をしない場合，地位指数12の調査区60-11の場合，40年生で15.5 m，60年生で21.2 mの上層高が予想され，それぞれ蓄積が265 m^3/ha，500m^3/haと期待される。また地位指数16の調査区60-12では，40年生で430 m^3/ha，60年生で725 m^3/haが期待される。しかしこれらの調査

表3 トドマツ人工林の林況

	林小班			
	59-7	59-4	60-11	60-12
林齢(年)	31	34	23	22
密度(本/ha)	1900	2100	1275	950
蓄積(m^3/ha)	138	299	98	99
平均胸高直径*(cm)	12	14	9.1	10.7
平均樹高(m)	9.6	12.2	6.8	7.8
上層高*2(m)	13.8	17.2	8.9	10.6
平均形状比*3	81	88	80	77

* 地上1.3 mにおける幹の直径の平均値。
*2 樹高の高い樹木1 ha当たり100本の平均樹高。
*3 形状比：100×樹高/胸高直径。

区の収量比数は 40 年生時におよそ 0.75，60 年生時には 0.85 となるため，相当混んだ状態となってしまう。このため，間伐は不可欠であり，調査区 60-12 で 40 年生時に材積で 25%の間伐を行うこととすると，60 年生時の収量比数は 0.7 で，中庸仕立て(混んでもいない，疎でない状態)で保たれる。

7.2　風害対策と植物の多様性のためには？

カラマツ人工林の場合と同様に，支笏湖の東側の地域で，2004 年 9 月の風害跡のトドマツ人工林で，樹形と被害率の調査を行った。トドマツ人工林では，一部で幹折れ被害が見られたが，多くの人工林では根返り害であった。ほぼ無被害であった人工林では，平均形状比が 70 以下であり，被害林とは分離していた(渋谷ほか，未発表)。したがって，風害を避けるためには，トドマツ人工林の場合も，平均形状比が 70 以下となるように管理するのがよく，収量比数でいうと 0.7 以下に保つ必要がある。表 3 の現況の平均形状比は 77〜88 であり，風害を避けるためには間伐が必要な状態となっている。カラマツ人工林と同様に，表 4 に風害を避けるための人工林管理指針を示す。

表 3 の人工林の現況と比較すると，地位指数 18 である調査区 59-4 では，40 年生時の密度を，現況のおよそ 1/4 程度としなければならない。またもっとも密度の小さい調査区 60-12 でも，40 年生で約 2/3 の密度にする必要がある。カラマツ人工林とは異なり，トドマツ人工林では，風害対策としては間伐が不可欠である。

表 4　トドマツ人工林の風害を軽減するための管理指針

地位指数		林齢(年) 40	50	60
14	収量比数*	0.7	0.7	0.7
	密度*(本/ha)	820	600	580
	蓄積*(m³/ha)	320	415	505
16	収量比数*	0.7	0.7	0.7
	密度*(本/ha)	660	495	400
	蓄積*(m³/ha)	385	490	590
18	収量比数*	0.7	0.7	0.7
	密度*(本/ha)	540	415	340
	蓄積*(m³/ha)	460	570	680

*ここに示した数値以下で管理するのが適当ということを示す。

植物の多様性に関わる林内の明るさについては，トドマツと同じ常緑性針葉樹であるスギ人工林で，収量比数 0.7 以下では相対照度が 25%以上とされている。これを参考にすれば，収量比数 0.7 以下というのが，林内の明るさを保つうえで適当と考えられ，風害を避けるための指針と同じ値であるので，植物の多様性を保つためにも表 4 が有効である。ただしトドマツ人工林でも，ササの刈り取りや，地表のかき起こしは必要である。

8. 広葉樹天然林の管理

ウヨロ川流域および周辺の天然林についても調査を行った。調査区 I は，カラマツ人工林 72-73 林小班に隣接した河畔林，それ以外は萩の里自然公園内の林である。当地域は，現在はあまり天然生の針葉樹はなく，天然林はほとんどが広葉樹二次林である。広葉樹天然林については，林況の分析と今後の管理の方針について検討する。風害の危険性については検討できないが，一般に広葉樹天然林は壊滅的な風害を受けることは稀である。また植物の多様性については，森林機能評価で記載されており，出現種数は多く，多様性が高いことが報告されている。

調査区ごとの林況を表 5 に示す。調査区の林齢は不明であるが，密度は 625〜1,625 本/ha，蓄積は 66〜290 m³/ha とばらつきが大きく，樹種構成もそれぞれ異なっている。人工林の場合と同様，林況の検討には林分密度管理図を用いたが，北海道の広葉樹林の図が作成されていないため，東北地方の広葉樹林分密度管理図を使用した(日本林業技術協会，1999)。上層高と密度から，林分密度管理図で期待される蓄積を求めると 188(調査区 V)〜382 m³/ha(調査区 IV)であり，現実の蓄積は，これらの 25〜93%であった。密度の割に蓄積は小さかった。上層高と蓄積から求めた収量比数は，調査区番号の順に 0.30，0.46，0.45，0.73，0.48 であり，疎な

表 5　広葉樹天然林の林況

	調査区番号				
	I	II	III	IV	V
密度（本/ha）	1125	1625	775	1575	625
蓄積（m^3/ha）	66	127	171	290	175
平均胸高直径*（cm）	11.0	11.6	16.4	14.1	19.9
平均樹高（m）	9.8	9.2	14.8	11.2	12.6
上層高*2（m）	15.0	16.9	22.9	24.1	18.3
平均形状比*3	150	146	140	171	92
おもな樹種*4	Ah，Ma	Oj，Sa，Am，Ccr，So	Am，Qc，Ap，Cco	Bm，Am，Qc，Fm	Am，Ccr，Pm，Ap

* 地上 1.3 m における幹の直径の平均値。
*2 樹高の高い樹木 1 ha 当たり 100 本の平均樹高。
*3 形状比：100×樹高/胸高直径。
*4 Ah：ケヤマハンノキ，Ma：イヌエンジュ，Oj：アサダ，Sa：アズキナシ，Am：イタヤカエデ，Ccr：クリ，So：ハクウンボク，Qc：ミズナラ，Ap：ヤマモミジ，Cco：サワシバ，Bm：ウダイカンバ，Fm：ヤチダモ，Pm：ミヤマザクラ。

状態といえる。全調査区とも，現状では施業の必要性はなく，木材生産以外の管理目標がない場合は，しばらくのあいだ放置してよい林況である。また平均形状比は，カラマツおよびトドマツ人工林に比べて非常に大きく，広葉樹天然林は風害の危険性は低いとはいえ，形状比を低下させる必要性はあると思われる。現況で疎な状態であるので，形状比を低下させる観点からも，しばらく現況のままにしておくのがよいと考えられる。ただし，最近はエゾシカによる樹木被害が増大しているため，冬季の剝皮害や，稚幼樹の食害については，十分注意を払う必要がある。

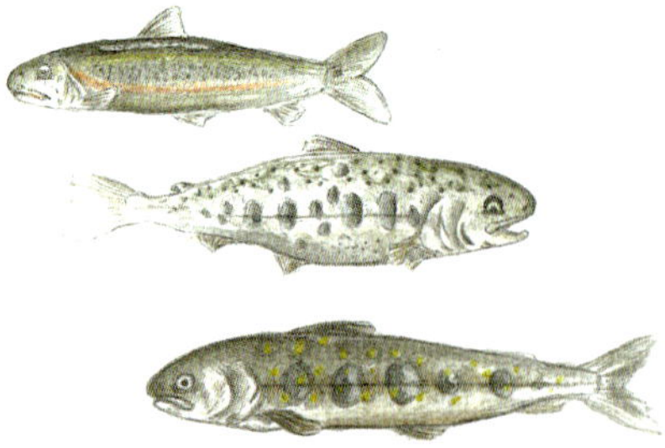

イラスト・尾野正一郎

第7章
地域との協働による森林の評価と今後の指針

はじめに，第5章の評価結果と第6章を踏まえ，それぞれの機能を充実されるためにはどのような対応が必要となるのか，もう一度それぞれ機能別に整理を行いたい。続いて，本章の後半で紹介する議論は，これらを基礎資料として行われている。

1. 評価結果を踏まえた機能の充実

1.1 水土保全機能

今回評価した流域では，大規模な伐採跡地などは見られず，評価は総じて高かった。ただ，次の2点については今後改善できる余地があるかもしれない。ひとつは道路の維持管理についてである。評価の対象となった小流域では，川ぞいに道路を設置している箇所があるため，得点を下げている場所もあった。今後は川ぞいの道路設置を控えるとともに，既存の道路に対しては侵食によってできた溝の修復や，溝ができる原因ともなる排水の集中が生じない維持管理が重要であるといえる。もうひとつは，伐採方法についてである。月並みな提言ではあるが，大規模な面積での伐採を控えることが望ましいといえるだろう。特に川ぞいの伐採を抑制することができれば，水土保全機能の低下を回避できることが期待される。また，伐採後には再造林を行うことも，水土保全機能を回復させるうえで必要不可欠である。

1.2 生活環境保全機能

ここでは，第5章で評価の対象とした二酸化炭素の吸収・貯蔵機能についてのみ考えることにしたい。まず，二酸化炭素の吸収を第一に考える場合，二酸化炭素の吸収速度の速い森林が望ましい森林といえるだろうか？　森林が樹木として貯蔵できる二酸化炭素には限界があり，貯蔵量が多くなった森林では，枯れ枝や枯れ木も増加して吸収量が少なくなる。森林に吸収され，貯蔵される二酸化炭素だけをみると，吸収が速い森林は，早く貯蔵量が限界となってしまう。木材として利用されなければ，枯れ木となり，それが腐朽して，吸収された二酸化炭素が再び大気中に放出されるだけである。このように考えると，吸収速度が速いか遅いかは，決定的な問題ではないかもしれない。

それよりも，長期的な視点で森林が二酸化炭素の吸収に大きく貢献できるかどうかは，木材を持続的に収穫できるような森林や仕組みを構築できるかどうかにあるかもしれない。たとえば，長期間利用される建物に木材を利用すれば，建物という形で二酸化炭素を貯蔵することができる。森林から得られる森林バイオマスを燃料として利用することもひとつの方法である。近年改良が進みつつある木質ペレットストーブのように，森林バイオマスを燃料として利用することで，化石燃料の使用を減らすことができる。

確かに，森林の手入れをすることは二酸化炭素の貯蔵量を短期的に減少させることになる。しかし，森林の手入れによって伐採された木材が利用されれば，上記のように二酸化炭素の削減に貢献することになるし，枯死木の発生が少なくなれば，森林の成長が促進され，低下した吸収量を回復させることにもなる。このように，木材や燃料を得るために伐採された森林では，次世代の樹木が二酸化炭素を吸収するため，森林を伐採することは二酸化炭素の増加にはつながらないと考えられる。

このような視点から，二酸化炭素の吸収・貯

図1　地上に降りて餌を探すエゾリス

蔵機能の発揮をはかるには，木材を持続的に収穫できるような森林や仕組みが重要である。

1.3　生態系保全機能

2005年4月から2006年6月まで観測した結果，トラストの森を中心に，ウヨロ川のほぼ流域全体で「絶滅のおそれのある種」が目撃された。そのほとんどが猛禽を中心とした鳥類であり，目撃する頻度も高かった。ウヨロ川流域の森林は，海岸に近い萩の里自然公園から上流の町有林，さらに上流の国有林までほぼ連続しており，これがいわゆる「緑の回廊」として機能している可能性がうかがわれる。

本基準では，動物であれ植物であれ，絶滅のおそれのある種が確認された森林は最高評価となるため，流域ぞいの森林の評価は高いところが多かった。もっとも，評価する森林の単位をもっと細かく見れば，小班単位では「普通」から「高い」までいろいろな評価が混在した。これらの評価をさらに高めるためには，以下の3点が重要である。

まず，野生生物にとって大事な環境を残すことが必要である。たとえば大径木や樹洞のある木，立ち枯れた木，ドングリやサクラなど実のなる木，水辺などがそれにあたる。生き物の住処として好まれる環境，好まれる食べ物を積極的に残すことが重要である(図1)。具体的にはトラストの森周辺の湧水地や人工林のなかに残る広葉樹などが該当する。またいろいろな種類の森林を残し，連続を保つことも重要である。ウヨロ川ぞいの森林は，前述のとおり「大きな目」で見れば連続性が保たれているが，やはり森林が薄いところ，とぎれているところも存在する。それらを連続させるよう，森林の手入れや新たな植林などを行うことが重要である。最後に，動物たちの繁殖期には人為的な活動を控えるなどの配慮が必要である。たとえば鳥類なら，5月から6月が繁殖期にあたり，その時期には大きな音を立てる，巣のそばに近づくなど繁殖の邪魔になるような人間活動を控えることが大事である。

1.4　文化創造機能

今回，文化創造機能の評価対象とした萩の里自然公園は，文化創造機能の5つの評価軸がいずれも中程度の「活用型」に区分された。誰もが認める大きな特徴はないが，日常的に地域住民に利用され，親しまれている。

文化創造機能を評価するためのワークショップ参加者のおもな意見は，「30年，50年先を考えることが必要で，急いで結論をだす必要はない」，「アプローチの周辺は手を加えても良いが，これ以上はあまり手を加えてほしくない」といった自然環境を保全する方向の意見と，「現状では，大きな特徴がない。どのような公園にしたいのか，考える必要がある」，「案内板を増やしたり，散策コースや主要なポイントに名前を付けたりすると，利用しやすくなる」，「ある程度手を加え，活力ある森林にしたほうが良い」など，公園に積極的に手を加えていこうという意見に分けられる。今後の方向としては，「自然そのままのエリアと，子どもたちが遊べるなど活用するエリアをはっきりと分けるのが良い」というような意見に集約されるだろう。

1.5　木材生産機能

ウヨロ川流域の民有林は，町有林や大面積の山林を所有する会社の社有林が大部分を占め，現在は所有者が細分化されているトラストの森周辺も，かつてはまとまった面積の所有者がカラマツを植栽したものである。そのため，人工林は面積が広く，道路も整備されている箇所が多かった。傾斜もゆるやかな場所が多い。このような立地の評価から，木材生産機能の評価は比較的高い箇所が多かった。

トラストの森のカラマツ林では，ボランティアによる間伐が進んでいるものの，まだ野ネズミ被害木など多数の不良木が残っている状態である。間伐を進めることによって，一時的に蓄積が減少し，評価が低下することになるが，残された木の成長が促進され，木材生産のためにはより健全な森林となるだろう。

2．協働の森づくりにむけて

これまでの大学研究者や行政機関が見落としてきたこと

上記ではあえて第５章の評価結果と第６章の内容を整理してみた。このような整理を行うことは，ある意味大学研究者あるいは行政機関の使命であった。しかし，残念ながらこのような提言は，なかなか現場で取りいれられるものではなかった。そこには，おもにふたつの原因が隠されていると考えられる。

ひとつは，このような提言が学術的な評価結果に基づいてはいるものの，大学研究者や行政機関という，ある価値観をもった存在を介して発信されるものであり，現場の見解とは異なる場合があるということである。たとえば，生態系保全機能は生態系を保全する必要がある，あるいは豊かな生態系を将来的に育む必要があるという，大学研究者や行政機関がもつ価値観に依拠している。一方，たとえば現場の林業経営者の視点から見ると，生態系保全によって得られるメリットは経営上存在しない。逆に生態系保全に配慮しながら林業を行うことは，経営効率を低下させることにもつながりかねない。つまり，森林がもつ機能に対する重要度は，立場によって大きく異なっており，将来的にどのような森林を育成するかに関して，統一見解のようなものはまったく存在しないのである。

もうひとつは，未知の科学的知見に対する対応の違いである。大学研究者や行政機関は，立場上，未知の科学的知見に基づいて行動を起こすことを留保する傾向にある。たとえば森林開発で野鳥の生息場所が奪われている場合，研究を蓄積しているうちに，野鳥の生息場所はなくなってしまうかもしれない。残念ながら，現実の問題と乖離した，この種の「研究のための研究」は数多く存在する。

このようなふたつの意味で，大学研究者や行政機関から示される提言は，ある人にとっては無視するほうが望ましかったり，ある人にとって見解は一致してはいるものの，何の役にも立たなかったりする場合も多かった。

結局，大学研究者や行政機関が見落としてきたこととは，森林をはじめとする自然資源管理は，むかうべき将来が明確で，科学的な知見も十分得られている課題とは対応が異なるという認識である。

このような状況を，目標にむけた社会的な合意と因果関係に関する科学的な合意というふたつの視点から表１のように整理することができる。

表1　因果関係に関する科学的な合意と目標にむけた社会的な合意から整理した課題(Eagles and McCool, 2002)

因果関係に関する科学的な合意	目標にむけた社会的な合意	
	既決	未決
明確	容易な課題(Tame)	やっかいな課題(Wicked)
不明確	未知の課題(Mystery)	混沌とした課題(Messy)

表2　因果関係に関する科学的な合意と目標にむけた社会的な合意から何を行うべきかの整理(Eagles and McCool, 2002)

因果関係に関する科学的な合意	目標にむけた社会的な合意	
	既決	未決
明確	規定に則って実施(Rational-Comprehensive)	交渉(Negotiation)
不明確	順応的管理(Adaptive)	学習をともなう合意形成(Learning, Consensus Building)

目標にむけた社会的な合意が明確で，因果関係に関する科学的な合意も明確である課題は，〝容易な課題〟(Tame)である。これはこれまでどおりの対応で十分に通用するものである。たとえば，地域住民が昔のようにホタルが棲むような川にしたいという将来像をもっており，その川にホタルが減少した理由が水質悪化だとわかっている場合である。一方で，ホタルが棲むような川にしたいという将来像はもっているものの，生息数が減少した理由がわからない場合が〝未知の課題〟(Mystery)ということができる。また，減少したホタルの数を回復するために，郷土種ではないホタルを移入させることが議論になっており，将来像を決められない状態が〝やっかいな課題〟(Wicked)である。そして，原因もわからないし，将来像を決められない状態が〝混沌とした課題〟(Messy)ということができる。

これまで述べてきたように，ある地域の森林において，生態系の保全を重視するのかあるいは，木材生産を重視するのかという，目標にむけた社会的な合意はほとんど存在しない。また因果関係に関する科学的な合意も多くのものは得られていない。つまり，森林で生じている課題は混沌とした課題ということができるだろう。では，混沌とした課題とむきあったとき，どのような対応をとればよいのであろうか？

もし目標にむけた社会的な合意も明確で，科学的知見も明らかであれば，それは淡々と実行すればよいであろう(表2)。これまで，大学研究者や行政機関は，森林管理をこの枠内でとらえようとしてきたといえる。一方で，目標にむけた社会的な合意が決まっているが，因果関係に関する科学的な合意が不明確である場合は，順応的管理が望ましい。つまり，その時点で望ましい管理を適用し，それが成功すれば継続し，問題があれば改善していくというスタンスである。ホタルの減少した原因として水質悪化が思い当たるのであれば，そこに科学的な裏づけがなくても，まず水質改善に取り組むというやり方である。一方，因果関係に関する科学的な合意は明確であるが，目標にむけた社会的な合意が異なるのであれば，交渉や折衝が必要になる。つまり，郷土種ではないホタルを移入させることが望ましいと思う人々，そうでない人々との交渉や折衝が必要になるだろう。そして，因果関係に関する科学的な合意も，目標にむけた社会的な合意もない場合には，学習をともなった合意形成が必要である。つまり，因果関係に関する科学的な合意に対する学習や研究も必要であるし，学習の過程を通じて，ほかの利害関係者の考えを理解・共有し，目標にむけた社会的な合意を形成するための議論を行うことも必要である。それが，本章で述べる協働の必要性であるといえるだろう。

3. 協働の森づくりを考える前に
── 森林の機能は両立するのか？

さて，協働の森づくりについてみていく前にひとつ確認をしておきたい。我々はこれまで森林にさまざまな機能があることをみてきたが，それらは両立するのかということである。これは学習をともなった合意形成をはかるうえで重要なテーマである。それは，異なる意見をもった利害関係者が，同じ場所で同時に希望をかなえることができるのかに関わるからである。結論からいえば，森林の提供する多面的な機能はいつでも両立するとは限らない。表３は森林の

表３　Clawson のマトリックス（Clawson, 1975 より）

森林利用の主要目的	森林利用の副次目的 魅力的な環境（景観）の保持	レクリエーション機会の提供	原生自然の保護	野生生物の保護	自然水源の保全	一般的な国土保全	木材生産および伐採
魅力的な環境（景観）の保持		おおむね両立するが集約的利用を制限する可能性がある	必ずしも有害ではないが保証することにもならない	大部分が両立するが両立しないこともある	十分に両立しうる	十分に両立しうる	部分的に両立する，伐採量に影響を及ぼすことがしばしば生じる
レクリエーション機会の提供	過度に集約的に利用されない限りおおむね両立する		両立しない，原生自然を破壊する	種によっては両立しないものもある	おおむね両立するが，レクリエーション利用の集約性に依存する	おおむね両立する，極端に利用した場合は両立しない	部分的に両立する。伐採量，間伐量，集約性，林道などに影響を及ぼす
原生自然の保護	十分両立する	まったく両立しない		かなり両立するが，わずかだが両立しないものもある	十分に両立する	十分に両立する	まったく両立しない，伐採が不可能となる
野生生物の保護	一般的に両立する	部分的に両立するが集約的利用は制限される	ほとんど両立するが中には管理が必要なものもある		一般的に両立する	一般的に両立する	一般に両立するが伐採量や伐採状態が制限される可能性がある
自然水源の保全	十分両立する	おおむね両立するが集約的利用を制限する可能性がある	必ずしも有害ではないが保証することにもならない	一般的に両立する		十分両立する	おおむね両立する，伐採方法が制約されるが，すべての伐採が禁止されることはない
一般的な国土保全	十分両立する	過度に利用されない限りおおむね両立する	必ずしも有害ではないが保証することにもならない	一般的に両立する	十分両立する		両立するが，伐採方法を修正する必要がある
木材生産および伐採	伐採方法が厳密に管理されるならば両立する	おおむね両立する	まったく両立しない，原生自然を破壊する	伐採方法がかなり管理されていれば両立する	伐採方法がかなり管理されていれば両立する		

多面的な機能に関して，縦軸を森林利用のもっとも重要で優先したいと思われる目的，横軸を副次的な目的としたときに，それぞれどのような関係にあるのかを示したもので，Clawsonのマトリックスと呼ばれているものである。

このマトリックスが示されたのは，生態学という学問が広く知られるようになった以前のことであるから，野生生物や原生自然の保護といった項目はあるが，生態系の保護に対する項目はない。しかし，このマトリックスが述べようとしていることは明らかである。つまり，一般的に両立する機能はたくさん存在するが，まったく両立しえない，あるいは何らかの条件がなければ両立しえない機能が存在するということである。たとえば，ある森林の主要な機能が，木材生産および伐採であるとするならば，原生自然の保護を行うことはできない。また伐採方法がかなり管理されていなければ，野生生物の保護とは両立することができない。研究者や行政機関は，求められたあるひとつの森林の機能を最大に発揮させる方法は知っているかもしれない。しかし，ふたつの機能が求められ，かつそれらは共存できない場合に，どちらの機能を優先させるべきか決めることはできないのである。

第1章で述べたように，森林機能評価がゾーニングをめぐる多様な議論を巻き起こすきっかけのひとつとなる理由はここにあるといえる。北海道の森林機能評価基準では，「複数の機能についての評価を行う場合，それぞれの機能の評価結果は独立したものとして取り扱う」，「どの機能を優先させて森林整備を行うのかということについては，地域で検討する必要がある」としており，複数の評価を比較して森林整備の方向性の検討に用いることは想定していない。また，この基準は機能の発揮状況を評価するもので，評価の対象森林における各機能の重要性や潜在的な機能を評価するものでもない。地域のなかでも，人によって森林に求める機能が異なることは，今回の文化創造機能の評価でみたとおりである。森林機能評価基準を現状認識のひとつの手段として，ワークショップなどで合意形成をはかることが重要である。

4. ワークショップの立ち上げとその目的

このような経緯から，今回の評価プロジェクトの立ち上げとほぼ同時に，白老町の町民を主体としたワークショップを立ち上げてはどうかという意見がだされた。ワークショップとは，「作業場」という意味ではなく，問題解決を目的として自主的活動によって開かれる集会のことで，参加者が専門家の助言を得ながら問題解決のために何ができるかを考える場である。2006年6月，白老町民などを対象に，白老町の広報誌を通じた一般公募を行った。公募は，上記で示したようなコンセプトに基づき，「森林調査参加者募集」という形で行った。その結果，森林に興味のある人，地域の森づくりについて考えてみたい人など9名の応募があった。この9名という人数は，都市部で行われるワークショップへの参加希望者と比較すれば少ないものかもしれない。しかし，人口比で考えればかなりの人数が参加の意志を示したとみることもできる。そして，2006年夏，白老町森林機能評価ワークショップとして活動を開始した。

このワークショップは2006年の7月から2008年の9月まで月1回を基本とし，全13回にわたって開催された。最終的に，白老町をはじめ近隣の苫小牧市などの市民に加え，事務局側として町職員や研究者，学生が加わり，総勢24名となった。

ワークショップの目的は持続的な森林を誰がどのようにつくっていくかということである。具体的には，「どこの森林でどのような機能を発揮させるのか，数ある機能のなかで何を優先させるべきなのか」をワークショップで議論し，地域の森林のゾーニングマップという「形」に残すという作業である。そのため，より身近な森林を対象にすることが議論の具体性と実践性を高めると考え，白老町の森林をおもな対象とした活動を行った。そして，議論を深めるため

の取り組みとして，

- 森林の現状把握
- 理想とする森林の姿の検討
- 森林管理や調査(機能評価)活動
- 機能評価結果を踏まえたゾーニング案の検討

といった活動を進めていった。以下では，このワークショップの経過とともに，結果としてどのような議論と成果が得られたのか，そのおもな内容を示していきたい。

5.　ワークショップの実際

5.1　KJ 法による関心と問題の抽出

【第１回ワークショップ】

まず，今回のワークショップには職業や趣味をはじめとして，森林に関わる立場や考えが異なる参加者が出席していた。そのため，議論する「森林の管理」というテーマでも，前述してきたように，森林の価値についてさまざまな考え方があることが想定できた。これらの理由から，活発な議論を展開するうえでは参加者間での森林に対する価値の整理と，相互の理解を醸成する必要があった。そのため，第１回目の森林ワークショップでは参加者各自の森林や自然に対する関心と問題点を抽出するための作業を行った。

この作業は一般参加者９名，事務局参加者３名，学生３名の計 15 名で行い，簡単な自己紹介と森林ワークショップの趣旨説明を行った後，いわゆる KJ 法を利用して行った。まず，ワークショップの参加者は「白老の森林に対する問題点」をテーマに，複数の意見を付箋紙に記入する作業を行った。この際，１枚の付箋紙にひとつの意見となるよう留意した。次に，参加者は１人ずつ自分が記入した事項の趣旨を発表し，その後，付箋紙を１枚の大きな模造紙に貼っていった。そして，全員の発表後，参加者全員で議論しながら趣旨の近い付箋紙をグループ化し，さらに各グループ単位での再グループ化や各意見・各グループ間の関連性を議論した。これにより，参加者の抱いている森林に対する問題点を整理することができた。そしてこの作業を「白老の自然や森林に対する関心事(やってみたいこと)」と「白老の森林に希望する将来像」のテーマにおいても同様に行うことで，合計３枚の模造紙を作成した。

これらの作業の結果，「問題点」として挙げられたのは，登山や山菜採りといった「レクリエーションや森林とのふれあいに関する問題」，手入れ不足の森林の多さや森林所有者の意識が低いなどの「林業の振興に関わる問題」，以前あった植物や鳥を見かけなくなったなどの「自然環境や生態系の破壊に関わる問題」であった。また，「関心事」としてだされたのは「人々の森林に対する理解や利用方法についての関心」，「森林をめぐる地域の歴史への関心」，「現在の森林環境の状況と将来的な森林の活用への関心」であった。これに対応する形で「森林の将来像」では，気軽に出入りができて遊び・学べるような「レクリエーションや森林とのふれあいがはかれる森林」，適正な森林造成が続けられるような「林業が持続的に行われている森林」，これまで白老町で見られてきた植物や動物を保全する「自然環境や生態系が適切に保全されている森林」として整理することができた。

さて，この作業は参加者の意見の整理と相互の考えの理解を醸成する一方で，ワークショップの運営側にとっても，その後の進行のうえで重要な意味合いをもっていた。それは，この作業により運営側は参加者の森林に対する関心とワークショップへの参加意欲の高さを把握することができ，その後のワークショップでの専門的な領域まで踏み込んだ作業計画を立てることが可能となったからである。さらに，白老の森林の問題として「レクリエーション」，「林業利用」，「環境保全」という３つの軸がだされたことで，ワークショップの現地見学や調査活動におけるテーマ設定の見通しも立てることできた。このワークショップの内容は図２のニュースレターにまとめられている。

森林機能評価ワークショップ

ニュースレター第1号　2006年8月8日

皆様、前回はお忙しい中、第1回「森林機能評価ワークショップ」にご参加頂きましてありがとうございます。ワークショップの内容は今回のような「ニュースレター」で毎回ご報告させて頂きます。今回は初めてのこともありまして発行が遅れましたが、次回からはワークショップ後「2週間以内」を目指して発行していきます。

「森林機能評価ワークショップ」の概要

第1回「森林機能評価ワークショップ」は2006年7月2日に行われました。午前中（10時～）は白老町コミュニティーセンター2階で概要の説明と、白老町の森林管理に対する皆さんの将来像に関してお伺いしました。午後（～14時）はウヨロ川沿いにあるウヨロ環境トラストさんの土地で見学を行いました。

はじめは皆さんに自己紹介をして頂きました

何が問題だったの？

日本では木材価格の低迷や過疎化などにより、林業は極めて厳しい状況に置かれています。高度経済成長期に植林された木々も十分に手入れされていません。

一方で日本は木材の輸入大国です。国内産の木材の代わりに、格安で品質のそろった木材をたくさん輸入しています。しかし近年の社会情勢を考えると、この状況が続くとは限りません。例えば中国は急速に経済発展遂げており、日本に輸入されてきたロシアの木材が、中国に輸出され始めています。

もちろんそうなれば、逆に日本の木材が利用されるようになるかもしれません。では高度経済成長期のように、売れれば売れるだけ森林を伐採してもよいのでしょうか？

高度経済成長期の反省として、我々は森林の災害防止機能や森林生態系などの森林の多面的な機能についても、その重要性を認めるようになりました。売れるからといって、切れるだけ切ってしまうこともまた問題があるのです。

荒廃した森林ですが野鳥も多くいることが分かっています

地域の持続可能な森林を目指して

重要なことは持続可能な森林をどのように作っていくかにあります。森林の多面的な機能は木材のように切り売りできません。また森林の多面的な機能は、持ち主だけでなく地域の人々もその恩恵をもたらします。そうであるならば、地域の森林、白老町の森林の将来像はできる限り多くの方に議論してもらわなければなりません。今回の「森林機能評価ワークショップ」はその議論の第一歩なのです。

今回の作業のまとめ

さてこのような説明の後で、今回は白老の森林に対する問題点や関心事、希望や将来像について意見を出して頂きました。

同じような森林の将来像を考えられている方もいれば、全く異なる方向から森林も見ている人もおられたと思います。皆さんがそれぞれ違う意見を持っていることを確認することがとても大事です。まとめると以下のようになりました。

◆問題点

・レクリエーションや森林とのふれ合いに関わる問題点
・林業の振興に関わる問題点
・自然環境や生態系の破壊に関わる問題点

◆関心事

・人々がどのように森林を理解し、どう利用しているのか？
・森林をめぐる白老町の歴史はどうだったのか？
・現在の自然環境はどんな状況にあるのか？

◆将来像

・レクリエーションや森林とのふれ合いが図れている森林
・林業が持続的に行われている森林
・自然環境や生態系が適切に保全されている森林

様々なご意見を本当に簡単にまとめますと、レクリエーションや森林とのふれ合い、林業の振興、自然環境や生態系といった共通のキーワードができました。

次回はこのキーワードに沿って様々な情報をお持ちする予定です。また現地での簡単な作業も行う予定です。

次回のご案内

次回の「森林機能評価ワークショップ」は**9月上旬**に開催予定です。内容は追ってご連絡致します

図2　第1回ワークショップニュースレター

5.2　現場(白老町)の見学

【第３回ワークショップ】

第１回目のワークショップを受けて，事務局となった町役場の担当者と大学研究者とで反省会を行ったが，KJ法での整理を進めるうえで，次のような点が今後のワークショップでの課題として考えることができた。

①参加者は多面的な機能の存在について認識しているが，自分の所属する組織やグループにより，特に重要と認識する機能があり，分野外の機能についてはそれほど明るくないこと。

②多くの参加者は，自分のフィールドをもっているものの，白老町の森林全体を把握する人，つまり鳥瞰図として森林全体のイメージを有する人は少なく，地元の森林について学習する余地があること。

これを踏まえて，まず白老町にある森林を実際に訪れてその現状を把握し，多面的な森林の機能について理解を深めてもらうこと，そして白老町の森林全体のイメージをもっていただくような情報共有を行うこととなった。

そこで第３回のワークショップでは町有林を見学し，意見交換を行うこととした。役場の町有林の担当者からの森林管理や経営状況の解説，森林施業時の注意点など，ときに枝打ちなどの実技も踏まえての説明を行った。特に町有林を含め近年の林業を取り巻く状況は，以下のように非常に厳しいものであるという認識を共有した。

・経営面では収入に対し８割を必要経費が占める。
・伐採してもコスト割れしてしまう。
・労働面では重労働であるとともに就業中の労働災害頻度が全産業平均の約14倍と大変高い水準にある。
・将来的には，労働者の高齢化が進み，担い手不足が懸念される。

そのうえで，どのようにこれからの森林管理が行われるべきかが現場で話し合われた。参加者の一部には過去に林業と関わりをもっていた方もおられ，過去との対比から現在の森林管理の状況についてのコメントを聞くことができた。そして多くの方が，手入れの行き届かない現在の人工林には何らかの手当てが必要であるが，今日の社会情勢は，それを行うにはきわめて厳しい状況であることを強く認識することとなった。近くに住んでいるにもかかわらず，このような状況が市街地のすぐ上流で生じていることは，参加者に少なからぬ問題意識を与えることになった。このワークショップの内容は図３のニュースレターにまとめられた。

5.3　調査と機能評価活動

【第４回ワークショップほか】

第４回ワークショップでは，萩の里自然公園を対象に文化創造機能について評価を行った。結果についてはすでに紹介しているので，ここでは割愛するが，そのようすは図４のニュースレターにまとめられている。

5.4　空中写真による全体像の把握

【第５回ワークショップ】

次に現地見学を踏まえ，第５回ワークショップでは森林の現状を視覚的に把握するため，航空写真を拡大して床に並べ，それを囲んで情報交換を行うという試みを行った。写真は2006年に撮影したものと，1974年に撮影した空中写真を用い，大判に引き伸ばした後にラミネート加工を行った。これによって，写真の上に実際に乗って写真を眺められるようにした。

多くの方にとって白老町の森林全体を眺めることは初めてであったが，驚いたことは特に年配の参加者が，土地利用の履歴をよく記憶しているということであった。戦時中にあった飛行場のこと，河川改修が行われる前の河の形状や洪水被害の状況，自分の父親が過去に造林を行った箇所を覚えている参加者もいた。

このような発見の過程，そして山中には多くの造林地が存在することを写真上で確認することで，白老町の森林は戦前に一度伐採が行われ，その後成立した二次林であり，思った以上に人

森林機能評価ワークショップ

ニュースレター第3号　2006年10月27日

吹く風もだんだんと冷たくなってまいりましたが皆様いかがお過ごしでしょうか。今回の第3回目のワークショップでは、当日の天気も大変よく、予定していた町有林でのフィールドワークを行うことができました。ご参加いただいた皆様、お忙しい中お集まり頂きどうもありがとうございました。

「森林機能評価ワークショップ」の概要

第3回目のワークショップは2006年10月14日に行いました。当日は午前9時よりお昼まで、白老町の町有林で役場産業経済課の濱田さんと森さんによる現地見学会と、前回のワークショップでご説明した森林調査の実演と練習会を行いました。午後は白老町役場第3会議室にて、午前中の活動を通しての感想を元に森林や林業に対する話し合いを行いました。

町有林の説明をして頂いているところです

町有林の現地見学会

今回の現地見学会は、町内に3つある町有林地区のうち最も広く、町有林の人工林の大部分を占める石山地区で行いました。特に、石山地区の作業路の終点であり、昭和58～59年に植林したトドマツ林の「町有林60林班11・12小班」が中心です。町有林の詳細は第2回ワークショップの配布資料にありますので、お持ちで無い方はお問い合わせ下さい。

見学会では、まずササの刈り跡や小石に気をつけながら、途中で鹿の歓迎に会いつつも、ウヨロ川の河畔まで下りました。河畔の両岸は天然林であり、林の奥には直径2mほどのナラの大木もあるそうです。町ではこうした天然林を目玉としたエコツアーも検討中とのことです。

次にトドマツの人工林に戻り、町有林の管理･経営状況や施業時の注意点などについての説明を受けました。収入に対し必要経費が8割を占めてしまったり、手をかけて育てた山が原価を大きく割ってしまうなどの経営面の問題、重労働であると共に事業中の死傷者数が大変多いという労働面の問題、それらに伴う高齢化･担い手不足という将来性の問題など、林業を取り巻く状況は非常に厳しいものです。将来的な森林の管理･運営をするためにはこうした林業の現状も踏まえた上で、現実に即した議論をしていく必要があるといえます。

この日は天気に恵まれた一日でした

町有林での森林調査の実演と練習会

現地見学会に引き続き、町有林での森林調査の説明と実演を行いました。今回の森林調査では現地で樹木本数・直径・樹高を調べます。その中で樹高を調べるために超音波による測地計を使っています。これを実際に参加者の皆様が操作し、調査に対する理解を深めて頂きました。

町有林での活動を通して

午後は白老町役場に場所を移して、午前中のフィールドワークの感想とその話題を中心とした話し合いを行いました。

樹木の樹高はこのように測ります

今回の活動では、まず実際に体験してみなければ分からない事が本当に多かった、という点が挙げられます。特に今回は自然環境としての町有林の現状や森林調査の理解という点だけではなく、実際に森を歩くことで参加者の林業そのものに対する認識が大きく変わったと感じました。また、例えば濱田さんが木を見て「かわいい」と言っていた事などは参加者にとってとても新鮮に感じた点であり、森林に対する私達それぞれの見方や考え方を問い直すきっかけになったかと思います。

今後もこのワークショップの活動を通し、参加者の皆様の森林への理解をさらに深めて頂くと共に、ゆくゆくは森林に対する様々な見方・考え方を、皆様方自身が伝える側になってお話し頂けたら、本当に素晴らしいことだと思っております。まずは、身近なご家族やご近所の方々から、ワークショップの内容についてお話し頂けたら幸いです。

次回のご案内

次回の「森林機能評価ワークショップ」は11月18日(土)を予定しております。(参加状況により日時の変更がございます)。内容に関しては追ってご連絡致します。

図 3　第3回ワークショップニュースレター

森林機能評価ワークショップ

ニュースレター第4号　2007年1月15日

新年明けましておめでとうございます。新しい年を向かえ、森林機能評価ワークショップ研究会一同、今後も一層、活動内容の充実と発展に努めさせて頂きたいと思います。皆様、本年もどうぞよろしくお願いいたします。

※ 今回のニュースレターの発行につき、担当者の不手際のため発行が大変遅れてしまい、大変申し訳ありませんでした。

「森林機能評価ワークショップ」の概要

第4回白老ワークショップは、秋も深まり、木々の緑も落ち葉へとかわった2006年11月18日に行われました。今回は白老町萩の里にある「萩の里自然公園」でのエクスカーションと、そこでの森林機能評価基準の文化創造機能の評価を中心にした活動を行いました。

草木の緑が落ちすっきりした園内

山の上から白老市街が一望できました

萩の里自然公園のエクスカーション

2006年11月18日午前9時より、道立林業試験場の明石さん含め、参加者計13名で白老町「萩の里自然公園」でのエクスカーションを行いました。

まず初めに、同公園のセンターハウス（ケネルハウス）にて一日の概要についての説明がされ、その後、暖かい秋の日差しの中、横田さんや濱田さんなど園内に詳しい方の案内と共に約1時間ほど園内を歩きました。園内には各所に炭焼きの跡が残っており、20～30年前に切られたであろうミズナラやイタヤの木からは萌芽更新が確認できます。また、公園の西側にある送電線からは白老の市街地とその奥に広がる太平洋、白老周辺の山々が一望でき、白老町の豊富で変化に富んだ自然環境を再認識出来ました。その後センターハウスに戻り、参加者一人一人が同公園に対する「文化創造機能」の評価を行いました。また、それについての意見や今後の公園の活用指針、問題点などについて議論しました。

昼食の後は、森さん・明石さんから、萩の里自然公園の設置までの経緯や活用状況の概要と、鳥や植物の調査から評価した「生態系保全機能」の評価結果の報告、それを通した自然環境の現状についての説明がされました。

機能評価を基に有意義な議論が行えました

機能評価を終えての参加者の感想・意見

（萩の里自然公園をどうしていくか）◇色々な意見を盛り込むと特色がない山になってしまうのでは◇森作りのための特定のシンボルなど、関係者に共通の認識が必要では◇何の変哲もない『利用型』の場ではなく『社会重視型』の場にしたい

（森作りに対して）◇将来を見据えた計画が必要◇まだ市民の中では森作りに対する認識が低い◇公園に比べ森作りの計画はイメージが作りにくく明確な目標を立てるのが難しい◇将来的な計画も必要だが、今の人に魅せる努力をもっとすべき。

（機能評価に対して）◇季節によって森の魅力は変わるので色々な時期に調査をするべき

（萩の里自然公園に対して）◇初めての人には薄暗く怖い印象もあるため、案内板等改善し、抵抗感の軽減を図るべき。

文化創造機能の評価の概要

今回参加者が行った森林機能の評価は、森林の「文化創造機能（人の心を豊かにし文化をはぐくむ働き）」に関するものです。これは、森林の固有性、自然性、郷土性、傑出製、眺望性という5つの性質について各3点満点の評価を出し、その結果をレーダーチャート化し、評価シートに記載してある型と見比べて森林の特徴を判断していきます。

評価は個人の主観で作成されますが、得点の平均を見ることでより一般的な評価も可能です。ここでは今回の参加者17名の評価の平均値を参考にします。

まず、今回の平均は右図の通りです。ここからは、萩の里自然公園が「特に突出した軸がない『活用型』」か「郷土性・眺望性が高い『社会重視型』」という判断が出来ます。この型はいずれも利用を前提にした活用に向き、保全と利用の程度を考慮しながら環境学習や文化活動、郷土の山としの活用などに向いています。

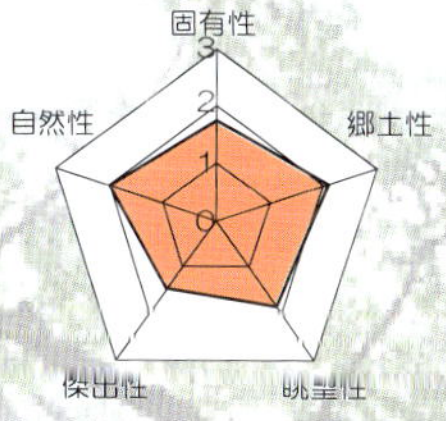

萩の里自然公園の文化創造機能の評価(平均)

ただし、こうして出た結果は、季節やその日の天候による感じ方も大きいですし、あくまで森林に対する見方の一つであるということを忘れてはいけません。特に大切なのは、こうした評価の実践を通し、市民の自然への触れ合いを促進し、将来の地域の自然やそこでの交流の姿など、評価者同士で議論し、市民の手による地域環境の創出を盛り上げていくことです。ぜひもう一度、身近な森林での機能評価に挑戦してみてください。

次回のご案内

次回の「森林機能評価ワークショップ」は1月28日(日)を予定しています。白老町の航空写真を床に敷き詰め、それを眺めながらの議論を行いたいと考えております。

図４　第４回ワークショップニュースレター

森林機能評価ワークショップ

ニュースレター第5号　2007年2月7日

皆様、前回のワークショップではお忙しい中、多くの方々にご参加いただき、どうもありがとうございました。白老町の様子を空から眺めてみた感想はいかがだったでしょうか。いつもと違った視点で見ることで、今まで気づきにくかった新たな発見があったでしょうか？今後もいろいろな視点、いろいろな立場から地域のことを考える訓練をしてみてください。

第5回森林機能評価ワークショップの概要

第5回ワークショップは、2006年1月28日（日）午前10時より、白老町役場第2会議室で行いました。初めに今までのワークショップの簡単な振り返りを行い、次に白老町の航空写真と北大農学部4年生の竹位さんの発表をもとに議論を行いました。さらに、先日1月13に愛知県豊田市で開催された「第1回森の健康診断全国会議」の報告と、今後ワークショップの一環として行う「ミニフォーラム」を含めた日程について話し合いました。

白老町の航空写真を皆さんと眺めました

白老町を鳥の目で眺めると…

白老町は北海道の森林面積約71%に対し、約79.5%と多くの森林に囲まれています。また、道の人工林率約37%に対し、約27%と天然林が多く恵まれた森林環境にあります。

しかし一方で、白老町の森林は町の産業や社会情勢とともにその姿を大きく変え、現在は林業の不振とともに放置された一般民有林が増加し、公有林でも財政確保が困難な状況です。こうした白老の森林の現状とその歴史を皆様に実感して頂くため、最も古い1948年米軍撮影の航空写真をスクリーンに映し、拡大した2006年と1975年の航空写真を床に並べ、皆様に白老の森林を空から眺めて頂きました。さらに、この航空写真を用いて森林の「水土保全機能」の分析を行った竹位さんの卒業論文の発表を行い、皆様に白老の森林について自由に議論していただきました。

以下、その中から出てきたことのまとめです。

機能評価を終えての参加者の感想・意見

（白老の今と昔）◇昔は薪炭材利用で広葉樹が盛んに伐採され、現在は萌芽更新で植生が回復した◇北吉原に旧日本陸軍の飛行場があったが、現在その痕跡は見えない◇ウヨロ川はかつて暴れ川だったが、1965年からの大規模河川改修後 大きな被害はなく下流には多くの三日月湖が出現した◇北吉原の住宅地周辺は元々湿地で大雨時は舟が走れる程だったが、現在は洪水対策としてアヨロベツ川が造成された

（白老の産業と自然）◇砂利や火山灰採取のための伐採があり、採取跡地は牧草地などに利用されたが、跡地が放置されると植生回復は困難だった◇和牛の導入により放牧地や牧草地が増加した◇大昭和製紙などの進出による森林の大規模な払い下げがあった

北大農学部の竹位さんの発表の様子

（将来の森林のために）◇連続した森林や、草原・水辺など多様な環境は生物多様性を高める◇水土保全のためには河川域での森林伐採を回避する必要性があるが、土地利用上では困難な面が大きい◇森林管理のための一体的な計画が必要

「第1回森の健康診断全国会議」から

矢作川流域で昨年6月に初めて試みられた「森の健康診断」の取り組みは、適正な人工林管理のための簡単で効果的な方法として、今後 全国的にもさらに広まる気配です。私たちの取り組みでも、今後この「森の健康診断」を用いた人工林の評価に挑戦してみようと考えています。

皆様の手による「ミニフォーラム」を開催します

3月24日（土）に白老町内で、森林に関する市民参加型のフォーラム（略称：ミニフォーラム）の開催を予定しております。この「ミニフォーラム」では、ワークショップ参加者の皆様が主体となり、より多くの一般の方々に、地域の森林について学び、考え、議論して頂く場を作り、森林への興味関心を高めて頂くのが目的です。

「ミニフォーラム」をより充実したイベントにしていくためにも、もし皆様の中で新たな催しの提案や展示内容へのアイデアなどございましたら事務局側までお気軽にご連絡下さい。

（企画の予定） ニッセイ財団研究助成の重点研究の紹介／北海道の森林機能評価基準の紹介／白老町における森林機能評価の結果報告／森林機能評価ワークショップの取り組みの紹介／第5回目のワークショップで使用した拡大航空写真の床面展示／一般参加者によるグループディスカッション※

（※皆様に、各グループ2～3名ずつ参加して頂き、事前に用意した論題などを用いて議論の司会進行役を務めて頂きたいと思います）

次回のご案内

次回の「森林機能評価ワークショップ」は2月25日(日)を予定しています。「ミニフォーラム」のご相談やその準備などを中心とした活動を予定しています。

図5　第5回ワークショップニュースレター

間の手がはいっていることを確認することができた。このワークショップの内容は図５のニュースレターにまとめられている。

5.5　大学演習林の現場の見学

【第７・８回ワークショップ】

事務局で現地調査を企画するうえで問題となったのは，白老町の森林には二次林が多く，「自然環境や生態系が適切に保全されている森林」のモデルとなるような森林が，アクセスできるような場所には存在しないことであった。また，林業が停滞している今日においては，間伐遅れの森林は容易に見出すことはできても，「林業が持続的に行われている森林」のモデルを見出すことも困難であった。そこでこの点に関しては，白老町の森林ではないが，大学の演習林をモデルとして，見学・議論を行うこととした。そこで第７・８回のワークショップでは，北海道における森林管理の先進地として，北海道大学苫小牧研究林（苫小牧研究林）と東京大学富良野演習林（富良野演習林）の見学を行った。

苫小牧研究林は，苫小牧市の市街地に隣接する2,715 haに及ぶ平地林であり，住民の休養地として一部が一般開放されており，多くの市民に親しまれている。今回のワークショップでは森林研究のために入林規制がされている地域も許可を得て入林させていただき，植林後に「適切な管理がされた森林」，「1～2回程度の手入れがされた森林」，「まったく手を加えられていない森林」の比較により森林管理がどのような役割を担っているのかを議論した。また，台風被害を契機に土地を更地にし，長期的な植生更新の観察を行っている地区の見学なども行った。苫小牧市は白老町に隣接しているため，参加者にとっては，白老の森林で木々がどこまで育つのかを考えるうえで大きな参考とすることができた。

一方，富良野演習林は面積２万2,755 ha（東京山手線内の面積の約３倍）の国内最大の大学演習林である。1958年には元演習林長の「どろ亀先生」こと故 高橋延清氏により，北海道天然林施業技術の成果を結集した「林分施業法」が実践され，これ以降，天然林施業技術・研究を継承・発展させている。この天然北方針広混交林の理想モデルともいえる森林の見学と，演習林職員からの天然林施業や人工林管理の状況，実際の調査地を前にした研究活動の解説などを中心に現地見学を行った。

富良野演習林と白老町の森林を比較した場合，原生の天然林が少なく，地質や気候の面で条件が悪い白老町において，このように豊かな天然林をそのままお手本にはできないことは考慮する必要ある。しかし，林内の立ち枯れや倒木が少ない富良野演習林を参考に，自然の力をうまく引き出すことで，森林を取り巻く自然環境と社会環境を考慮しながら，森林の将来像を考えるヒントを得ることができた。

そして，これらの現地見学は，何よりもワークショップ参加者が実際に森林に足を運び，さまざまな森林の姿とそれについて考えることの材料となった。これにより，今後行っていくべき森林管理の必要性や，深めなければいけない研究領域など，市民の目線からの多くの指摘・要求を把握することができ，ワークショップのなかでそれらをすくい上げていくことが可能となった。このワークショップの内容は図６のニュースレターにまとめられている。

5.6　まとめとゾーニング

【第11～13回ワークショップ】

ワークショップのなかでは白老町の町有林や社有林，公園，民有林などの現地見学を実施し，また，一連の森林機能評価プロジェクトから得た知見も随時ワークショップ参加者に提示することで森林に対する理解を深めてきた。そして，これらの活動をとおしたワークショップを踏まえ，第11～13回のワークショップでは森林の各機能を考慮したゾーニングマップの作成と，その議論をとおした森林管理の合意形成の実践を行うこととした。つまり，章のはじめに記した「どこの森林でどのような機能を発揮させるのか，数ある機能のなかで何を優先させるべき

森林機能評価ワークショップ

ニュースレター第7号　2007年6月15日

新緑が美しく、本当に過ごしやすい季節になりました。皆様いかがお過ごしでしょうか。前回の森林機能評価ワークショップでは東京大学北海道演習林の森林でエクスカーションを行いました。森づくりの一つの理想形として、皆様にいろいろなことを感じ、考えていただけたかと思います。今回はそのエクスカーションの内容を中心に報告させていただきます。

第9回「森林機能評価ワークショップ」の概要

今回のワークショップでは、北海道富良野市にある東京大学北海道演習林（以下、北演）の見学を行いました。当日はまず午前11時に北演内にある資料館『麓郷森林資料館』に集合し、演習林講師の尾張敏章さんから林内の概要説明と資料館の展示資料の案内を頂きました。その後、昼食をはさみ午後1時より同演習林108·109林班（通称：神社山）にある自然観察路での2時間ほどのエクスカーションを行いました。

尾張講師から演習林の概要説明を受けました

北演の概要

北演は1899年に当時の内務省北海道庁から約2万4千haの原生林を東京帝国大学農科大学試験地として移管されたのが始まりです。設立以来、農学部林学科を始めとした学生実習や施行技術に関する研究調査を行い、林学教育と北方林業研究を目的に地域社会との密接な関係を保ちつつ存続してきました。

1958年には元北演林長 高橋延清によって、北演、旧御料林、道有林などで蓄積された北海道天然林施行技術の成果を結集した「林分施行法」が提唱され、これ以降、林分施行法中心に据えた天然林施行技術の研究を継承発展させています。

現在の北演の面積は約22,755ha（東京山手線内の面積の約3倍）、標高は193m～1,459m。北演内に生育する高等植物（維管束植物）は846種で変種・品種を含めると計910分類群が確認されており、その内71分類群は絶滅危惧種に指定されています。森林では、天然林は北方針広混交林に属し、ﾄﾄﾞﾏﾂ、ｴｿﾞﾏﾂ等の常緑針葉樹とｼﾅﾉｷ、ｲﾀﾔｶｴﾃﾞ、ﾐｽﾞﾅﾗ、ｳﾀﾞｲｶﾝﾊﾞ等の落葉広葉樹で構成されています。また、植栽樹種では以前は外来樹種が植栽されていましたが、近年はﾄﾄﾞﾏﾂ、ｴｿﾞﾏﾂ、ｱｶｴｿﾞﾏﾂといった郷土樹種を主としています。

北演とどろ亀さんと林分施業法

北演の元林長 高橋延清氏は23万haにおよぶ日本一広い演習林で長年林長を勤め、「どろ亀さん」の愛称で親しまれました。氏は、「森が先生であり教室だから」と言って東京の教壇には一度も立たず、東京大学農学部の名誉教授となってからも毎日のようにこの北演の森林を亀のようにはい回り、生涯を通して森林と接し続けました。

氏は北演等での長期に渡る天然林施業実験から「林分施業法」を確立しました。これは、森林を小単位の林分に分け、個々の林分ごとに最小限手を加えることで、自然の力を最大限に生かした管理を行う方法です。森林がもつ木材生産の経済性と環境保全の公益性を両立・発展させることのできる森林施業法として、「林分施業法」は北海道の森林施業法に広く用いられるとともに、国内だけでなく世界的にも認識され高い評価を得ています。

林分施業法の説明を受けています

北演でのエクスカーション

今回は小雨の中、2時間の見学会でしたが、北演職員の尾張さんの案内の元、天然北方針広混交林の理想モデルともいえる豊かな森林を見る事ができました。見学会では北演の天然林施行や人工林管理の状況や実際の調査地を前にした研究活動の解説等が話題の中心でした。

現在、北演の天然林では調査活動に主な労力をかけています。保育については気付いた時に蔓切りをする程度で、定期的な枝打ち作業等はなく、木材生産についても基本的に古損木のみの伐採だけだそうです。しかし、自然の力を上手く引き出すことで林内の立ち枯れや倒木は少ないのです。

一方で森林管理上の懸案として、ササ管理の問題があり、最近は林分内の樹木密度を上げることで林床のササを生えにくくする試みをしているそうです。

今回の見学会から北演と白老の森づくりを考えた際、原生の天然林が少なく地質や気候の面でも異なる白老町において、北演のような豊かな天然林が求めにくいことは考慮しなければなりません。地域の森林を取り巻く自然環境・社会環境を考慮し、それに合わせた森の将来像を考えることが必要です。

ただ、森づくりの上では、何よりも実際に森に多く足を運び、様々な森の姿を知り、考えることが大切といえます。今回の見学会で豊富な自然環境の姿を目の当たりに出来たことは大きな収穫になったのではないでしょうか。

次回のご案内

次回第10回目の「森林機能評価ワークショップ」は6月17日（日）に行います。今回の見学会をふまえ、北海道大学苫小牧研究林での実地見学を行いたいと思います。

図6　第7回ワークショップニュースレター

なのか」をワークショップで議論し，地域の森林のゾーニングマップという「形」に残すという作業である。

さて，市民の手による森林のゾーニングマップの作成は，あまり広範囲になると難しくなる。そこで，白老町の森林のなかでも，現地見学によりワークショップ参加者が実際に訪れ，豊富なデータも揃っているウヨロ川流域を対象とすることにした。また，ゾーニングの大前提として，森林の所有形態や法令にとらわれるのではなく，あえて社会的な制約は無視することとした。それは，市民・公的機関・民間企業が協力して森林管理を行っていくためのたたき台となるような，過去の履歴にとらわれない自由なゾーニングをめざすためである。

ゾーニングに先立ち，これまでの機能評価の結果の復習を兼ねて，意見交換会を行った。これまでの活動に関わる感想を含めたフリーディスカッションとなったが，それが結果としてゾーニングに大きな影響を与えた。具体的な地名を省いたうえで，ディスカッションでだされたおもな意見紹介する。

○見学したA地区ですが，わたしは昔の森を見て育ってきたので……，あれだけ豊かな森だったのに，湧き水もきれいで楽園のようだったのに，今は見る影もなくて，一介の市民として，子どもたちに美しい森を残してやれなかったと大変責任を感じています。

○歴史的にみて，特にA地区のやり方(施業方法)は酷かった。伐るだけ伐ってろくに植えずに，たまに植えたところも放っておかれた。しかも大面積です。それが現況の森につながっていることを確認できました。

○A地区は，大変起伏の激しい山です。谷が凄い。崖もある。植林した後，所有者は何の手入れもしなかった。ちゃんとやってれば，あそこは白老のなかでは樹高が伸びる土地柄で，ちゃんと成林したはずです。そういう地味のいいところは，ぜひ木材生産をやるべきだと思います。炭焼きも，たき火も，大事な日本の文化ですから。

○見学したB地区は昨年の秋に間伐したばかりだけど，それにしてもいい木が残っていなかった。おそらくなすび伐りに近いやり方を長年してきたのでは？　調査結果によれば，鳥も少ない。うち捨てられた山は，生き物も少ないということがわかりました。

○今の子どもたちを見ていると，森の素晴らしさ，楽しさを知らずに育っているのが歯がゆく，大変可哀想に思う。今回の調査で，この流域に貴重なワシやタカがまだ残っていることがわかり，大変嬉しく思う。「こんなになっても，君たちはまだいてくれたのか」という感じです。だから，総論としては，もうこれ以上大規模な皆伐をせずに，間伐などの手入れをして，いっそう生き物が豊かになるような森づくりをするべきだ，と思います。

○別に何ということのない里山でも，町民が身近に散策できるまとまった森林があるというのは非常にいいことだと思います。文化創造機能，という考え方は北海道にしかないとのことでしたが，初めて知りました。

○森自体は，それほど太い木があるわけでもないし，珍しい植物があるわけでもないが，それでも立地的に住宅街に近い，ということが重要な意味をもつ場合もあると思います。

○今まで管理放棄された山に間伐・枝打ちをいれて，木材生産を念頭においた山づくりを指導してきましたが，(C地区の森に)希少な動物がきている，というのは初耳でした。この森には，年間何百人もの子どもたちがくるわけで，そういうことを考えると，もう少し，生態系(保全機能)や文化(創造機能)も念頭においたやり方を考えなきゃならんと思ってお話を聞いていました。

○町有林からA地区，B地区，C地区はいわゆる「緑の回廊」なんでしょうね。萩の里自然公園をあの大面積で町が買い取ったのは英断だったと思いました。また，それが本当に回廊なら，D地区の森林も一体として考えたほうがいいのではないでしょうか。
○ただ森林として存在するだけで，二酸化炭素を貯蔵してくれると考えたら，今ある森を残すだけでなく，積極的な森林造成が必要ではないのでしょうか。D地区での植林活動がもっと大きく評価されていいと思います。

ディスカッションの後，ゾーニングのための作業にはいった。作業は，配布されたウヨロ川流域の地図に透明なシートを乗せ，参加者各自が森林機能評価基準によって評価を行った５つの機能のうち，どの機能をそれぞれの森林に求めるかを考えながら色分けしていく作業である。ただし，生活環境保全機能については二酸化炭素貯蔵機能のみに特に注目して評価を行うこととした。

ゾーニング作業の結果，ほとんどの参加者がウヨロ川流域全体の森林に水土保全機能や二酸化炭素貯蔵機能を求めていた。その反面，両立が難しい生態系保全機能と木材生産機能は参加者により区分の仕方に大きな差が見られた。また，文化創造機能の評価は普段から盛んに市民の利用がある公園やトラストの森で求められており，そのほかにも，フットパスのある町有林や河川ぞいでの利用推進や林内放牧による利用など多様な意見も出された。

これらの意見は森林の機能別に５つのマップにまとめられ，さらにそれぞれのマップを重ね合わせ，競合する森林の機能やそのほかの留意事項についての議論を行った。その結果，最終的なゾーニング案には以下のような内容が盛り込まれた。

・水土保全機能と二酸化炭素貯蔵機能については，その機能の性質から流域の全森林について発揮されるべきであり，すべての森林にその機能を求める。
・人工林のなかでも木材生産機能の評価が非常に低かったトドマツの町有林では，木材生産よりも生態系を重視したゾーニングが支持された。
・トラストの森では，木材生産機能の生態系保全機能の両立が求められ，加えて教育やレクリエーション利用を踏まえて，文化創造機能も合わせたゾーニングが支持された。
・ウヨロ川中流部にあるトラストの森と下流部にある萩の里自然公園に対し，環境調査から希少種が多く確認されたことから，緑の回廊として森林を連続した形で残していけるようなゾーニングとする。

最終的な結果としてまとめられたゾーニングマップは図７のようなものである。図中心部から右下に黄色で囲われた部分が文化創造機能の発揮が求められるゾーンである。このゾーンに含まれ，海まで突き出した縦長の森林(雑木林)が萩の里森林公園である。ここから，図中心部左側のカラマツ林や，図中心のトラスト地(扇状地形)の小さな森林群に緑の回廊の役割が期待されている。

6. 残された課題

このように約１年をかけて議論されてきたゾーニングマップであるが，いくつかの問題点もある。

ひとつは今回のゾーニングマップ作成にあたって，我々は現在の土地所有者をまったく考慮しなかったということである。当然のことではあるが，ゾーニングの対象となる森林は，誰かに所有されており，管理にはその所有者の意図が反映されている。もちろん，積極的な管理ではなく，管理が放棄された森林も少なくない。しかしながら，依然としてそれらの土地は他人の土地であり，所有権と関わりのない地域住民が何らかの意見を述べたとしても，何ら拘束力をもつものではないということである。この点については土地所有だけではなく，保安林などの網掛けについても同様である。しかしながら，参加者が現在の土地所有や法的規制を考慮して，遠慮した議論を行うよりは，より自由に地元住民の意見や要望をゾーニングマップに反映させたほうが，より有益な結果を得られると考えた。

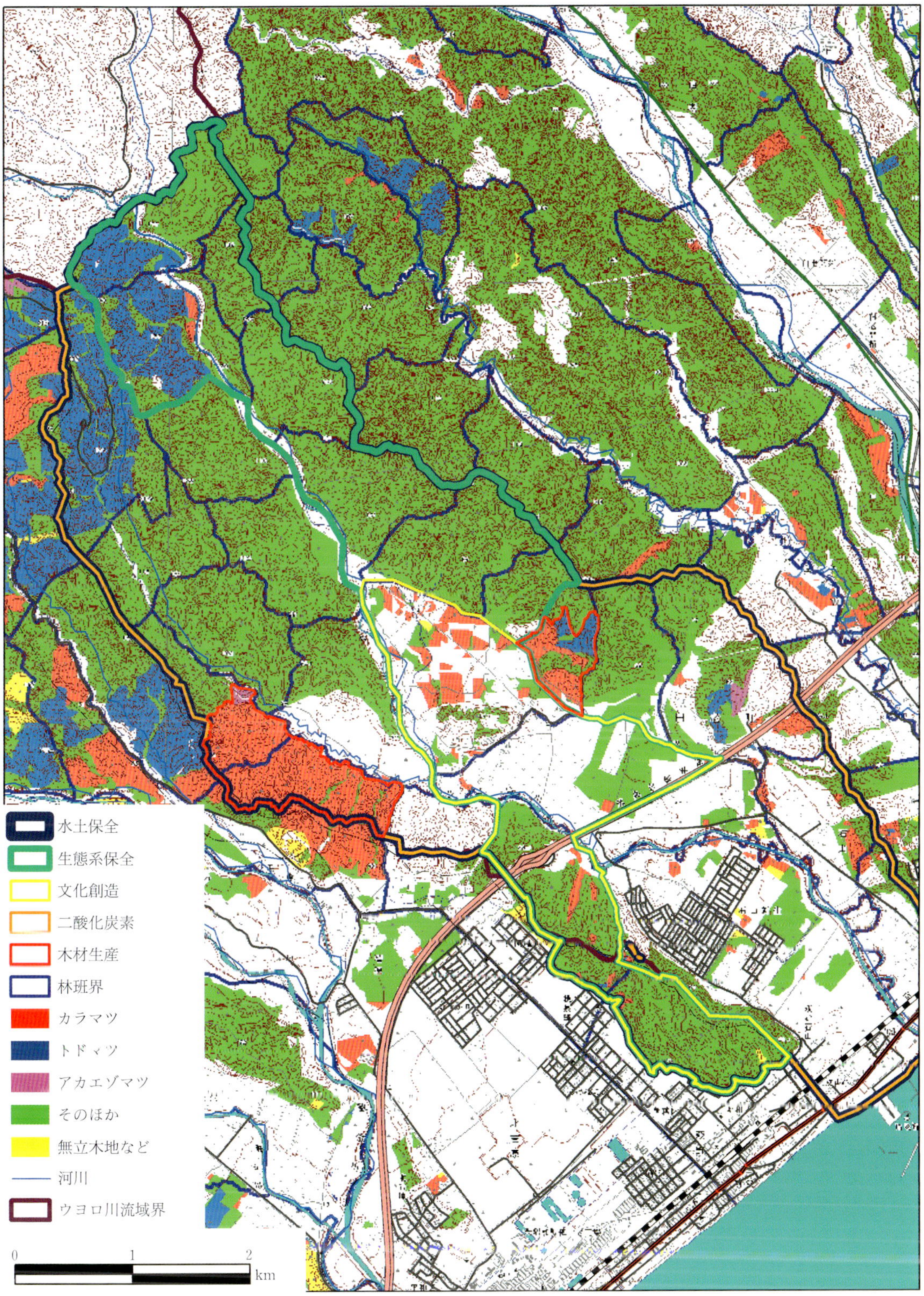

図7　ウヨロ川流域のゾーニングマップ（ワークショップ案）

このようなことから，このゾーニングマップは何ら拘束力をもつものではないが，それでも地域住民で話し合ったという事実は，研究者や行政機関によるトップダウンの評価とは比べられない重みがあり，今後の森林管理を考えるうえでの原案となるであろう。ワークショップに参加してきた町有林管理の担当者は，今後の参考資料として町有林管理にぜひ活用したいと述べている。

もうひとつは，ワークショップを実施したものの，生態系保全機能と木材生産機能がどちらも高い森林が存在し，どちらを優先すべきか議論がまとまらなかったことである。この場所ではカラマツの成長が大変よく，手入れをすれば町内でも有数の森林にも育つような場所である。しかしながら，現在は手入れがほとんど行われず，野ネズミによる立ち枯れや広葉樹の侵入も見られる。一方で，林内にはサクラソウの一種で絶滅危惧種に指定されている植物も確認されている。つまり，生態系保全機能と木材生産機能がどちらも高かった。具体的には図7で示した，萩の里森林公園から図中心部左側のカラマツ林(社有林)のあたりである。Clawsonのマトリックスで示されたように，森林の機能については両立するものもあれば，両立しないものもある。生態系保全機能と木材生産機能はどちらかといえば，相性の悪い組み合わせである。

ワークショップでは，このような状況で，生態系保全機能を優先し，木材生産を断念するのが望ましいという意見と，木材生産しながら，生態系に配慮するというふたつの意見に分かれ議論は行ったものの，最終的には判断保留という形でワークショップを終えることとなった。さらに時間をかけて議論をすべきだったのかもしれないが，一般の参加者を終わりのない議論に巻き込むこともまた困難であった。限られた時間と限られた科学的な知見のもとで結論をだすことは難しく，ワークショップをすればすべての結果が導かれるわけではないことを主催者自身も認識することとなった。

この章で紹介したワークショップの内容は，もちろん行われた内容の一部にすぎない。現場見学で得たさまざまな体験や学習が最終的なゾーニングマップに反映されているのであるが，それを十分にお伝えできないのは残念である。しかしながら，先ほどご紹介したディスカッションでだされた意見だけをみても，参加者が森林の多面的機能を実感し，そのバランスを保つために，熱心に議論してきたようすはご理解いただけたと思う。ゾーニングマップという成果と同様に，ワークショップというプロセス自体が大きな成果であった。

「森林委員会」という試み

本書では，協働で森林機能評価を行い，これを基礎に森林づくりの未来を描き協働で森林を管理していくことの重要性を指摘したが，このような協働で森林を管理する提案はすでに行われてきており，また実際に全国で始められてきている。ここでいくつかの事例を紹介しておきたい。

森林づくりを協働で行うという提案は，すでに2001年に森林ボランティアの活動のなかから生まれていた。森林ボランティアのネットワーク組織である「森づくりフォーラム」が「森づくり政策市民研究会」を立ち上げ，『森の列島に暮らす―森林ボランティアからの政策提言』を作成したが，このなかで地域の多様な人々からなる地域森林委員会を設立し，協働で森林の調査，計画の策定，整備・管理の仕組みづくりなどを行っていくことを提案していた。この政策提言は，ボランティア活動を通じて森林や林業の危機的な状態を知り，公共財としての性格をもつ森林を，市民が参加して管理していくことの重要性を認識したことから生まれたものであった。

現実に，協働による森林管理の仕組みづくりは各地で形成されつつある。大阪では，活発なボランティア活動が繰り広げられてきているが，なかでももっとも活発なのは日本森林ボランティア協会である。この会では都市近郊林の保全をめざして地域と連携した森林ボランティア活動を活発に行ってきたが，活動を展開するなかで，単に作業をするだけではなく実際に森林管理に関わりたいとの思いをもち始め，たとえば能勢町地黄地区では高齢化が進み森林管理が難しくなってきた地元社会とのあいだで協議会を2000年に立ち上げて協働による森林管理をスタートさせた。また森林ボランティアだけではなく，地域の農作業や森林管理の補助，集落水道の整備，地域イベントへの参加といった地域ボランティア活動を展開しているところもある。

一方，行政が積極的なはたらきかけを行って里山保全を協働で行っているところもある。たとえば岸和田市では，市の東部に広がる神於山の保全再生を行うため，1998年から里山ボランティア講座を始め，この修了生を中心に「神於山保全くらぶ」を2001年に結成して保全活動を行うようになった。さらに，地元住民や関係する団体の参加も得て，神於山とその周辺の自然環境の保全・回復をはかるために「神於山保全活用協議会」が2003年に設立され，2004年には自然再生推進法に基づく里山再生を行う協議会として位置づけられることとなった。

大阪府の協働の取り組みでもうひとつ指摘しておきたいのが，シニア自然大学といった学びとそれを活かした社会貢献を積極的に進めている組織が，人材育成・専門知識の提供という点で協働の取り組みを支えていることである。

このほかにも府内各地で協働による森林保全活動が森林組合，基礎自治体など多様な主体が中心となって行っているが，大阪府庁はこれら協働の取り組みを政策的に位置づけて森林保全を行うことを構想し，2004年には大阪府森づくり推進ガイドラインを作成し，サポート体制の整備を行うこととした。図１に示したのが大まかな仕組みで，森づくり委員会というのは，すでに紹介したような森林を多様な主体で協働で計画・管理・利用していくための仕組みであり，サポート協議会は森づくり委員会活動を施策面・技術面・人材面からサポートする組織である。サポート協議会をつくることによって，既存の地域レベルでの協働の取り組みをさらに発展させるとともに，新たな森づくり委員会活動を広げていこうとしているのである。現在，５つの協議会が組織され，これと16の協働による森づくり活動が連携している。

大阪府のほかにも，本書でも紹介した森の

健康診断が行われている愛知県豊田市でもNPO代表なども含めて「とよた森づくり委員会」が活動しているなど，全国各地で所有者・地域住民・行政など多様な主体の協働による都市林・都市近郊林の保全・管理の取り組みが進んでいる。このように，森林ボランティア活動などを母体として地域森林管理への参加を志向する動きと，都市住民の協力を得て森林・環境保全を進めたい自治体・森林所有者や森林組合の動きがあいまって，森林を協働で管理する動きが構築されつつある。

（柿澤宏昭）

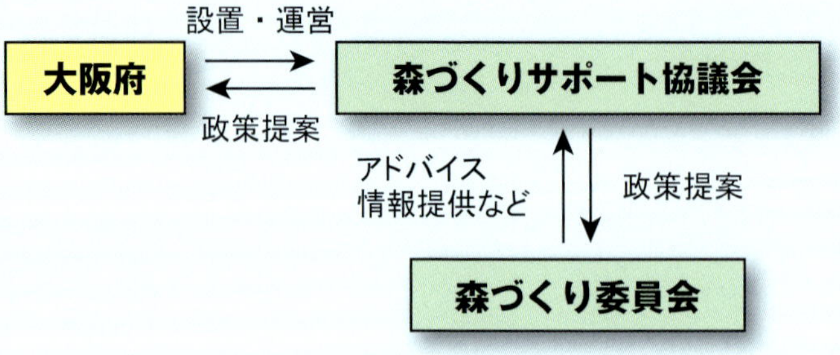

図1　大阪府における協働による森づくりの仕組み

第8章
子どもたちと森林機能評価

1. いかに子どもたちに参加してもらうか

今回のプロジェクトで，ウヨロ川流域の森林機能に関する多くのデータが集まった。それを用いてゾーニングマップを作成した過程を前章で説明したが，それと並行して，地域のなかで森林機能評価基準，あるいはその評価結果を活かした別の取り組みができないだろうかと考えた。ワークショップの参加者は大人が中心であったが，子どもたちといっしょに何か別の取り組みができたら「学びと協働のための評価」として新たな転換がはかれるのではないだろうか。

子どもたちにどうやって森林の評価に参加してもらうか，というテーマは，市民による森林評価の先進地である愛知県矢作川(第4章参照)など各地で直面している重要なテーマのひとつであろう。そもそも，子どもが参加して面白くなければ(少なくとも興味をもってもらえなければ)大人も面白くないという考え方もある。

そこで，地域の子どもたち，特に小学校低学年から高学年の子どもたちでも喜んで使ってもらえるような，「楽しくてためになる」森林機能評価基準をもとにしたプログラムができないか，本プロジェクトでも試行した。その内容について報告したい。

2. ウヨロ川流域の評価結果を使った子どもむけイベント

北海道森林機能評価基準は，「誰にでもやさしく使える」ということを前提に作成されたものの，実際に使ってみて「大変難しい」という意見が多い。大人でも難しいということは，子どもにとってはもっと難しいということである。したがって，基準そのままではなかなか使ってもらえないことが容易に予想される。そこで，すでに大人が評価し終わった森で，その評価結果を子どもたちが追う形で，その森のはたらきを理解できるようなプログラム—具体的にはオリエンテーリング形式のゲーム—を企画した。プログラムは，「『森のはたらきをしらべよう！』森林のものさし講座」と銘打ち，NPO法人ウヨロ環境トラスト主催の別の行事と併催する形で実施することになった。

そこで，これまでの森林機能調査で得られたデータのなかから，場所をイベント会場のウヨロ小屋周辺に限定し，特に子どもたちに興味をもってもらえそうな「生き物に関するデータ(生態系保全機能を測る過程で得られた植物や動物に関するデータ)」を列挙した。たとえば以下のようなものが集まった。

- 小屋の周りにエゾリスの営巣木がある
- ウヨロの森の外れにエゾタヌキの「ため糞」がある
- 草原や林内にエゾシカの糞が散乱している
- シロザケが遡上する川がある
- アカゲラの採餌跡がある
- クマゲラの採餌跡がある
- 冬にいつもオオワシ・オジロワシの留まっている岩山がある
- 草原にタラノキが密生している
- 「白老」の名を冠した花がある〈シラオイエンレイソウ〉
- 希少種のホザキシモツケが自生している
- スミレ類が多数自生している

図1　エゾタヌキ

図2　森林のものさし講座と子どもたち

・森のなかに湧水群がある

これらのうち，情報を公開しないほうが望ましいもの(希少性の高い植物の生育地や動物の営巣地など)，危険性の高い要素(有刺鉄線，蜂の巣の周辺，ノイバラの多い藪など)が近くにあるものなど，子どもたちが探すには不適切なものを除いた。さらに子どもたちの視点を考慮し，上のほうにあるもの，足下近くにあるもの，森のなかにあるもの，草原のなかにあるもの，動物，植物，そのほかの環境要素が混在するように，9つのポイントを選定した。それをもとに，子どもたちの足で，だいたい1時間ぐらいで回れるようにプログラムを組んだ。

2005年6月，「森林のものさし講座」と銘打って参加者を募ったところ，当日は町内の20名ほどの小学生が集まった。いくつかのチームに分かれて，NPO法人ウヨロ環境トラストの会員や学生などプロジェクトのメンバーとともに林内を歩き回り，鳥の採餌跡やスミレの花などを探した(図2)。チームには必ず2名以上の大人がリーダー・サブリーダーとして付き添うようにして，子どもたちが危ない箇所には近づかないよう配慮した。また，何かを発見するたびにリーダーがスタンプを押し，スタンプを早く集めたチームが優勝ということにした。

ほぼすべてのチームが，1時間以内にすべてを探し終えて集合場所に戻ってきた。子どもたちが見つけたものや持ち帰ってきたものを確認

～森のいきものたちのサインをいくつ見つけられるかな？～
「森のはたらきをしらべよう！」森林のものさし講座第1回　2006年5月20日
小屋の周辺の森をさがしてみてください。みつけたら，バッジをつけているおにいさんやおねえさんにシールをつけてもらってね。順番はどれが先でもかまいません。
さあ，制限時間は一時間だ！！
START!!
はまらないように気をつけてね！
①わたしはどこにあるでしょう？
わたしはミツバツチグリ。明るいところが好き！
②水がわいている場所をさがしてね！
いくつかあるよ！ひとつみつけて！
③わたしはどこにあるでしょう？
わたしはミヤマスミレ。
葉っぱに「もよう」がある仲間もいるの！
④わたしはどこにあるでしょう？
わたしはミヤマエンレイソウ。
林のなかにいるわ！
⑤ぼくのベッド，どこだかわかる？
エゾリス
⑥ぼくがごはんを食べた木を，みつけてごらん？
クマゲラ
（国の天然記念物）
（北海道の絶滅危惧種）
⑦ぼくがごはんを食べた木を，みつけてごらん？
アカゲラ
⑧わたしは森に春をつげる花。どこだかわかる？
キタコブシ
⑨わたしはとっても難しいわよ？
わたしはコミヤマカタバミ。雨だと閉じちゃう！
⑤のヒント
こんなかんじだよ。
ぼく，木の穴にもすむんだけど
まるで鳥の巣みたいなベッドも
自分でつくるんだ。ひとつだけ
じゃなくて，3つくらいあるよ。
⑥のヒント
GOAL！
こんなかんじだよ。
穴は6cmくらいかな。
ぼく，いつもはもっと
やわらかい木に
穴をあけるんだけど
カラマツは固かったよ～。
⑦のヒント
こんなかんじだよ。
ぼく，キツツキなんだけど
クマゲラ君ほど大きくないんだ。
だから，くちばしであけた穴も
小さいよ。くらべてみてね。
⑨のヒント
わたしは早起きで，
お昼は葉っぱも花も
ねちゃうの。だから。
葉っぱでさがすほうが
はやいかもね。
あずまやの近くよ。
こんなかんじです

図3　森林のものさし講座第1回（写真撮影：石井弘之・酒井明香（林業試験場）ほか）

森のつうしんぼ1：生態系をまもるはたらき
じぶんで森をひょうかしてみよう！

質問1
その森には，絶滅のおそれのある（数が減って，いなくなってしまうかもしれない）動物や植物がすんでいますか？
たとえばこんな生き物です（さがしてみてね）いたらすごいよ!!
フクジュソウ　シラネアオイ　クマゲラ
はい!!　→（　　）
いいえ
その森にすんでいるのが確認できたら2点
姿をみたことがあれば1点

質問2
その森にはどんな草や花がはえてますか？種類を数えてみよう。いろんな草がはえているほうがいいのです
（　　）種類　12種類以上で1点

質問3
その森は木がどんなふうにはえていますか？つぎの絵の中から，近いものをえらんでね。複雑（ふくざつ）な森の方が生き物がいっぱい住めます
②で1点，③で2点，④で3点
①　②　③　④
木がほとんど生えていない

質問4
その森にはどんな木がはえていますか？種類をかぞえられるかな？　いろんな木がはえている方が，たくさんの生き物が住めます
（　　）種類　5種類以上で1点

質問5
その森にはどんな鳥がいますか？下敷きにのっている鳥はどのくらいいるかな？　鳥の種類だけで，森のゆたかさがわかります
（　　）種類　8種以上で3点，
5～7種で2点，
1～4種で1点
※トラストの森にはカケス，ゴジュウカラ，ヒガラなどだいたい5～7種類の鳥がいます

森林のものさし講座！①資料　→うらにつづく

図4① 森林のものさし講座・資料（白老町森林機能評価プロジェクトチーム作成　写真撮影：佐藤孝夫・石井弘之（林業試験場）ほか）

質問6

次にあげたのは，森に動物がすむのにたいせつなものばかりです。
森の中やまわりをみわたして，いくつあるかチェックしてみてね

動物の好きなどんぐりの木は？ ミズナラ，コナラ，カシワ，ブナなど	ある(　　　　) ない
どんぐり以外で動物の好きな実のなる木は？ コクワ，ヤマブドウ，エゾノコリンゴ，ズミ，キハダ エゾヤマザクラ，ナナカマド，ガマズミ，エゾニワトコ，ヤドリギ，ミズキ，ヤマグワ，ツルウメモドキなど	ある(　　　　) ない

樹洞をおうちにしています

樹洞のなかは冬でもあったかいよ

赤い実がだいすきだよ　ぼくはトラストの森にもいっぱいいるんだけどわかった？

ツルウメモドキをたべるシジュウカラ

樹洞(じゅどう：木にあいた穴のこと)のある木は？	ある　ない
幹(みき)まわり30cm以上の太い木は？ そういうところに巣をつくるどうぶつもいるよ	ある　ない
幹(みき)まわり20cm以上の枯(か)れた木は？ そういうところに巣をつくるどうぶつもいるよ	ある　ない
たおれた木はある？ 虫がだいすきだし，あたらしい木が上にはえることもあるよ	ある　ない

こけがいっぱいだね

海と川をいったりきたりする魚もいるんだ

水があちこちわいてそこから川がはじまるよ

近くに川は流れている？ 水があるといきものがぐっとふえるよ	ある　ない
川の中に苔(こけ)のついた石はある？ こけは巣づくりのざいりょうになるよ	ある　ない
川沿いに岩のかべや土のかべはある？ そういうところに巣をつくるどうぶつもいるよ	ある　ない
近くにわき水がある？ 水があるといきものがぐっとふえるよ	ある　ない
大きな木のたくさんある古い森は近くにある？	ある　ない
林のまわりは「やぶ」でかこまれている？ 昆虫や鳥の一部はやぶがすきだよ	ある　ない
林の中に木が生えていないところはある？ ひかりがあたって目覚める草があるよ	ある　ない

「ある」の数(　　)個←― 10個以上でボーナスポイント1点!!

結果はどうだっかな？　　**10点満点で(　　　)点**

図４②　森林のものさし講座・資料(白老町森林機能評価プロジェクトチーム作成　写真撮影：佐藤孝夫・石井弘之(林業試験場)ほか)

この森をどうしていけばいいのかな？

森林のものさし講座：実践(じっせん)編

・・・もっとたくさんの生き物がすめるためには・・・

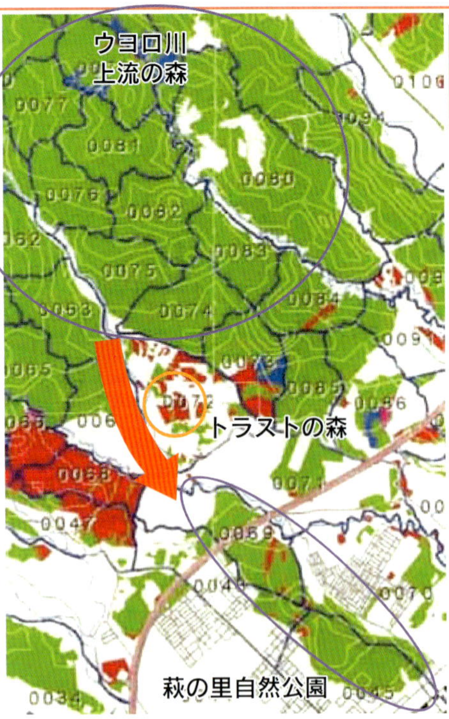

トラストの森はウヨロ川の上流と下流を結ぶ『回廊(かいろう)の森』の役割を果たしています

トラストの森は，それほど植物の種は多くないのに対して、動物の数は多いです。それは，トラストの森がウヨロ川の上流と下流の萩の里(はぎのさと)自然公園を結ぶ位置にあり，ちょうど動物の通り道となっているからです。このような森は、**「回廊の森」(コリドー)**と呼ばれ、大きな森から別の大きな森への橋わたしをする重要な森です。コリドーに太い木・大きな木(とくに広葉樹)がふえると，動物が移動しやすくなります。逆に乾燥がすすんで植物の種類がへると，動物もへってしまいます。乾燥化(かんそうか)をふせぐためには，川沿いの森をふやしていくことも大事です。

たとえばクマゲラ君のばあい・・・

巣をつくる木は？
トドマツやシナノキが好きだよ。直径は40cmくらいあったらいいな。
巣のまわりは？
ぼくはとても大きいので巣の前20mくらいは何もないほうが好きだよ。ぶつからないからね。
餌になる木を残してね！
ぼくは枯れた木がだいすき。えさになる虫がたくさんとれるからだよ。まわりの木に影響のないはんいで，のこしてくれるとうれしいよ。

キツツキの仲間がふえると、ほかの生き物ももっとふえます

キツツキが木に開けた穴は、ほかの小鳥たちだけでなく、エゾモモンガやリス、イタチ、コウモリ、ヘビなどいろいろな生き物が住める「森のアパート」です。キツツキの仲間はアパートをつくる「森の大工さん」なわけです。キツツキの仲間には，クマゲラ・アカゲラ・コアカゲラ・コゲラなどさまざま大きさのものがいて，それぞれつくる「アパート」の大きさもちがいます。生きた樹が好きなキツツキも，枯れた樹が好きなキツツキもいます。たくさんのキツツキにきてもらうためには，まず，いろんな太さのいろんな樹が増えるといいでしょう。また，餌場(えさば)になるような広葉樹の倒木(とうぼく)を残しておくことも有効です。

図5　森林のものさし講座・実践編(白老町森林機能評価プロジェクトチーム作成)

をした後，チームの順位を発表し，記念品を渡した。その後，子どもたちが見つけた樹洞（木の幹にできた「空洞」）や湧水が，森の生態系を維持するうえでどのような役目を果たしているのかを資料を添えて説明した。

今回参加した子どもたちは，小学校の低学年から中学年であった。付き添ったプロジェクトメンバーによれば，子どもたちはおおむね楽しめ，ウヨロの森にどんな生き物がいるかという理解も深まったようであった。ただし，ゲーム性の強いイベントであり，ゲームに評価結果を用いてはいるが子どもたち自身は「評価」そのものに参加していないこと，どのくらい森林に対する理解が深まったか客観的に判断するのが難しいことなど，課題は多く残った。実際，参加した子どもたちのほとんどは，スタンプを早く集めようとするあまりに，見つけたものをよく見ずに次のポイントを探そうという傾向が強かったようである。

年少の子どもたち対象の短時間のイベントでできることは，森のはたらきを「測る」方法を学ぶというよりは，森を見るときの「視点」をどこにおくかを学ぶことに重点をおくのが現実的かと思われた。ただし，対象年齢がさらに上の小学校高学年以上になれば，内容を掘り下げ行動範囲も広げ，大人といっしょに評価できないかと考え，オリエンテーリング版とは別の評価シートを試作した。こちらはまだ実際に試していないが，いずれ地元の子どもたちとともに挑戦できればと考えている。

イラスト・村野道子

第9章
まとめと今後の展望

この章では，これまで示してきた内容をふりかえりながら，これまでの調査・研究で明らかにしたこと，課題として残されたことを整理する。また，今後の森林機能評価について考察し，本書のまとめとしたい。

1. まとめ

まず，第1章で紹介してきた森林機能評価，そして第3章以降で紹介してきた白老町での評価は，日本の森林管理のなかでどのように位置づけられるのかを簡単に整理したい。

1.1 森林の機能評価の役割

「はじめに」で述べたように，森林を取り巻く情勢は，近年めまぐるしく変化してきた。高度経済成長期の木材需要の拡大は，伐採量の増大という形で森林に大きな影響を及ぼしてきたし，その後の外材への転換，木材価格の低迷は森林の手入れ不足や放置といった問題を引き起こしてきた。こうしたなかで戦後，日本の天然林は大きくその質を落とし，また人工林を積極的に管理するのが急務となっている。一方で，生態系保全や水源かん養機能など，森林の多面的な機能にも光があてられてきた。京都議定書のもと，森林がもつ二酸化炭素の吸収源としての役割に一般市民の大きな注目が集まるなど，人々の森林に対する期待は大きく変化した。こうした社会状況の変化を受けて，複層林への誘導や天然林改良，森林環境税など具体的な施策も展開されてきている。

しかしながら，第1章で示してきたように，民有林においては経営意欲の減退が顕著になり，一方で国有林をはじめとする公的な森林においては経営の行きづまりが生じており，森林経営の健全化にむけた道のりはみえてこない。人々の森林に対する関心が高まるなかで，森林は手入れされているのか，森林のもつ多面的な機能は健全な状態にあるのか，もし健全でないならば何らかの対応をしなければならないのではないか，といった不安が人々に生じるのは当然のことであろう。そしてそれが，何らかの形で自分たちも森林管理に関わりたいという思いにつながっているのである。このような状況のもとで，自分たちがどんな問題に直面し，何をすれば良いのかを明らかにするための糸口が，この森林の機能評価であるといえるだろう。

1.2 森林機能評価基準と白老町での評価

第1章で述べたように，森林の機能評価には，「強いられた評価」，「説明するための評価」，「主張するための評価」，「学びと協働のための評価」がある。今回の調査・研究で適用した北海道庁が作成した森林機能評価基準(以下，北海道の評価基準と略す)は，一般市民にも森林のさまざまなはたらきをわかりやすく説明するため，そして現在の状況を診断するために開発された。評価基準は「説明するための評価」といえる内容であるが，重要な点は，「協働の森林づくりを進めていく議論の出発点とする」という位置づけがされており，「学びと協働のための評価」の芽が含まれていたことである。つまり，単なる「説明するための評価」では避けがちとなる，森林に対するさまざまな議論をあえて巻き起こし，人々の「森林への思い」を，具体的な機能の評価として議論の俎上に載せようとする意図があった。パブリックコメントで異例ともいえる785名からの意見が集ったのは，道民の森林への思いの強さを反映するものであるとともに，まさにこのような議論の始まりでもあったといえよう。我々は，評価基準をもとに実際に評価を行い，議論を巻き起こし，協働の森林づくりにむけた取り組みを行おうと考え，白老を舞台に地域の人々と議論を重ねてきた。そこで得られた評価の結果が第5章に示したものであり，またその協働の過程が第7章の内容である。

2. 成果と課題 ── 白老町で何ができたのか？

2.1 どのような成果が得られたのか？

第一の成果は，第5章で詳しく示したように，北海道の評価基準に則ってウヨロ川流域の森林を評価することができたことである。この結果は，地域の人々にとって，あるいは研究者にとっても，流域の森林にはどのような機能があり，それが現在どのような状況にあるのかを認識する大きな拠り所となった。北海道の評価基準自体はすでに一般公開されていたが，一般民有林を対象とし，複数の土地所有者が含まれる流域レベルの面積に適用したのはこれが初めてである（適用例は道有林などの一部の公有林に留まっていた）。またすべての評価基準の適用を試み，結果を整理したのもこれが初めてである。つまり，実施できたこと自体が大きな成果といえるだろう。また，北海道の評価基準をうまく適用できるように調整するノウハウや，地域の人々にも参加してもらう仕組みづくりのノウハウなども蓄積することができ，これらは今後の普及に活かすことができると思われる。

第二に，これまでの北海道の評価基準の適用と大きく異なり，「学びと協働のための評価」を行ったということである。たとえば，萩の里自然公園の文化創造機能の評価は，各評価軸についてどれも中程度の評価となり，特徴の少ない「活用型」となった。重要なことは，「活用型」になったから良い，あるいは悪いといったことではない。参加者が萩の里自然公園でいっしょに評価を行い，ほかの参加者が自分と似たような，あるいは異なった評価を行った事実を確認できたことである。そのような認識のうえで，たとえば「散策路の周辺部は手を加えても良いが，そこ以外はあまり手を加えてほしくない」，「この自然公園は，現状では大きな特徴がない。どのような公園にしたいのか考える必要がある」といった今後の管理をどうするのかに結びつく議論を行うことができた。

第三に，第7章でも述べてきたように，北海道の評価基準を適用することで得られた結果を用いて，「どこの森林でどのような機能を発揮させるのか，数ある機能のなかで何を優先させるべきなのか」についてワークショップで議論し，地域の森林のゾーニングマップという「形」に残したことである。重要なことは，「はじめに」でも指摘しているように，地図を用いて議論を行ったこと，あるいは議論したことを地図に落とし込んだことである。話し合いのなかでは合意されていると思ったことも，実は地図上に落として具体化してみると，認識がまったく異なっていたことは数多くあったし，また多様な意見を集約して地図上に落とさなければならない場面も数多く存在した。それらは第7章で述べたように難しい作業であり，結局最後までやりきることができなかったのであるが，議論や相互理解を深めるうえできわめて重要なプロセスであった。

上記で述べてきた内容が，本プロジェクトの成果である。副次的であるが，もうひとつ重要な成果を得ることができた。それは白老町にとって，初めて町民共有の財産である町有林について，町民や学識経験者と議論する場が設けられたことである。いっしょにワークショップを企画していただいた町の担当者は，本プロジェクトの最大の成果はこの点であると指摘している。国や都道府県の森林が議論の俎上にのぼることは多いが，市町村有林の管理のあり方が議論されることは必ずしも多くはない。しかし，たとえば白老町では 760 ha というかなりのまとまった面積の森林を有しており，町民共有の財産として管理のあり方を議論することは重要である。また，私有林と異なって議論した結果を管理に反映させやすい。一方，多くの市町村では，林業担当の職員は少なく，農業や商工業と兼務となっていることも多い。担当者としては市町村有林のあり方について，地域の人々の意見を聞きたいと思っても，地域住民もそこまでの関心をもっていないし，担当者自身にもそれを掘り起こすだけの余力がないのが現状だろう。その意味で，今回のプロジェクトは町有林について議論できる，格好の機会を提供することができたといえる。

2.2　どのような課題が残されているのか？

一方で，本プロジェクトを通じて，森林機能評価基準や「学びと協働のための評価」の問題点も数多く残されることとなった。

第一に，森林機能評価基準の厳密さと簡便さのバランスである。前述のように今回適用した北海道の評価基準は，北海道という行政機関が作成したものであり，厳密には「説明するための評価」に分類できるものである。行政の説明責任との関連から，評価基準には厳密さがまずは求められている。確かに北海道の評価基準の目的は「森林の機能の発揮状況を道民にわかりやすく説明し，道民の森林に対する理解を深め，道民との協働による森林づくりを進めるため」とあり，より「学びと協働のための評価」に近い印象を受ける。しかし，実際にこの評価基準を使って評価を行えるのは，森林をよく知っている人か，評価を適用するためにある程度の学習をする意欲のある人に限られるかもしれない。「学びと協働のための評価」に使いやすい基準にすることは，北海道の評価基準に与えられた大きな課題である。

一方で，研究者や実務者からは，北海道の評価基準は平易にしすぎているという意見も聞かれる。北海道の評価基準をモニタリングなどの森林管理に活用するには，より厳密に，より細分化された情報が必要である。結局，厳密さと簡便さにおいて中間的なバランスを取ったがゆえに，もっとも裾野の広い一般の方々だけでなく，もっとも森林と関わりの深い研究者や実務家の方々にも，使いづらいものとなってしまったのかもしれない。

これらのことを総合すると，評価基準もレベル別に考えることが必要になるのかもしれない。その意味で，子どもたちにむけた森林機能評価基準の活用は大きな一歩といえるだろう。機能評価へ関心をもってもらう入門編，市民が実際に評価を行い管理のあり方を考える中級編，さらにこれをもとに具体的な森林管理へとつなげる上級編，といったような多様さも必要だろう。

第二に，学びや協働のため割ける時間と成果との関係である。第7章で示したように，ワークショップではいくつかの箇所で森林の将来像を決めかね，議論の途中でプロジェクトを終了せざるをえなかった。本プロジェクトは助成を受けて行っていたことから，ある期日までに成果をだし，結果を報告しなければならなかったからである。ただそれは，研究者側の勝手な期限であって，地域住民にとっては，そもそも学びや協働のために割ける時間に期限はないはずである。参加者の方々が，議論も盛り上がり始めたところでワークショップを打ち切られたと感じておられるのであれば，大きな反省点ということになる（ただ後述するように，実際のところは時間不足ではなく，知識の限界があらわれたことが，結論をだせなくなった原因である）。

とはいいながらも，成果報告という締め切りのない学びや協働は，散漫なものとなるかもしれない。我々が日々格闘している雑務のうち，締め切りのないものほど，先延ばしになることは，多くの方々が経験していることであろう。学びや協働を効果的，継続的に行うためには，ある時点で成果を取りまとめ，そのうえで新たな課題を設定する必要があるだろう。

一定の期間に成果をださなければならないというシステムのもとで，参加者にそれを感じさせない十分な学びや協働の時間を確保しながら，一方で散漫さを排除して，成果と新たな課題を取りまとめることはきわめて難しい課題である。

このたびの調査・研究では，このコーディネート作業を研究者が行ったが，これを地域住民にお願いする場合もあるだろう。研究者や行政関係者は仕事としてワークショップに参加できるが，仕事をもった地域住民の方に，忙しい毎日のなかで時間を割いていただくことは大変なことである。熱心であるがゆえにワークショップに参加する，足繁く参加したことで中心人物としてより頼りにされ，さらに負担が増えるという悪循環もあると聞いている。時間と成果だけでなく，それを管理するコーディネーターの負担の分散も，長期的なプロジェクトでは重要となってくるだろう。

第三に，知識の限界と合意形成の問題である。ワークショップでは，あるゾーンの森林管理について，生態系保全機能を優先し，木材生産を断念するのが望ましいという意見と，木材生産をしながら生態系にも配慮するというふたつの意見に分かれることとなった。こうなると，参加者は判断を下すのは自分たちであることを理解しつつも，どちらの意見がより正しいのかを判断するために，研究者に意見を求めることになる。しかしながら，木材生産をしながら生態系にも配慮できるのかといった質問には，研究者も簡単には答えることができない。最終的に判断保留となったのは，前述のように，その時点で今後どうすべきなのか判断する知識が尽きてしまったことが一因である。先に挙げた，時間と成果との関係とも関連して，判断できない課題をどう扱うかは，行ってみて初めて直面した課題であった。

今回のプロジェクトの目的は，ワークショップで議論を行い，地域の森林のゾーニングマップを作成することであったから，議論を途中で終わらせることも可能であった。しかし，具体的な森林管理に応用し，森林を取り扱う基礎として活用するとなると，知識に限界があるなかでも，判断を下さざるをえなくなることがでてくるだろう。さらにいえば，森林の機能発揮に結びついた森林管理の技術が開発されていないなかで，機能評価やゾーニングを実際の森林管理とどう結びつけるかも今後の課題である。評価を具体的な森林管理に活用させていくために，越えなければならないハードルはまだまだ多い。

3. 今後の展望

最後に，森林の機能評価という試みの展望を，本プロジェクトだけでなく，矢作川と上勝町における事例にも触れながら考えてみたい。

前述のように，本プロジェクトは北海道が作成した，「説明するための評価」を展開し，「学びと協働のための評価」を実施する試みである。そして，「どこの森林でどのような機能を発揮させるのか，数ある機能のなかで何を優先させるべきなのか」をワークショップで議論し，ゾーニングマップに落とし込んだことが何よりの成果である。それでもやはり，運営の中心となったのは研究者や役場の職員であった。

上勝町の事例も，構図は比較的似ている。もともとは行政機関が策定した「とくしまビオトープ・プラン」から生まれた流れを，上勝町内で活動してきたグループが連携して組織した「かみかつ里山倶楽部」が，指定管理者として受け継ぎ，展開させている。どちらも行政機関の動きを受けて，現在の活動につながっている。しかし，地域住民が活動の主体となっている点が，本プロジェクトとは大きく異なる点であろう。

一方，矢作川の事例は，森林ボランティアが中心となり，最初から「学びと協働のための評価」を立ち上げた取り組みである。「楽しくて，少しためになる」という，森の健康診断の趣旨には，森林の評価を楽しもうという視点が含まれている。もちろん森の健康診断にも，厳密さと簡便さのバランスをどう扱うかの議論があったことは第2章で述べられているが，行政機関が行う評価に求められる説明責任とは無縁であったがゆえに，100円ショップ製品で調査道具を揃えるといった自由な発想が生まれたのであろう。加えて森林をどうすべきかといった難しい問題にはあえて立ち入らないことが，より参加者の幅を広げているようにも見受けられる（結果的には，この楽しい体験をきっかけに森林のあり方に関心をもつ人々が増えている)。

このように，さまざまな地域で，いろいろな動機から，幾とおりもの機能評価が行われており，それぞれ成果と課題がみえる。そもそも機能評価は万能ではないし，機能評価ですべてが解決できるわけではない。きっかけも目的も主体もそれぞれ異なる活動であるから，さまざまなやり方があってしかるべきである。重要なことは，それらが地域の人々にうまく活用されるようになることであろう。

本書をまとめるにあたり，第2章の内容を執筆した洲崎氏と鎌田氏をゲストに招き，シンポジウムを開催した。このシンポジウムにおいて会場からは土地所有について言及していないというコメントをいただいた。この指摘は，先に述べた評価をどのように森林管理に活かしていくのかという課題につながるものである。

本プロジェクトでは森林の評価とそれに基づく森林管理のビジョンを協働でつくることを課題として設定しており，それを具体的にどのように森林の管理に反映させていくのか，森林所有者の方々を巻き込んでいくのかまでは検討できず，今後の課題として残している。

一方，コラムでも触れたように，森林所有者を巻き込んだ協働による森林管理はいくつかの地域で試みられてきている。今後こうした取り組みと，本書で述べた評価の取り組みとが，相互に経験を交流し，協働による森林管理のあり方を議論していくことが重要であり，ここから多様な人々の協力によって森林の評価と管理を結びつけ，管理を進めていく糸口がみえてくるのではないだろうか。本書がそのような試みに少しでも貢献できるのであれば，望外の喜びである。

イラスト・村野道子

資　料

1. 水土保全機能

森林は水土保全機能として，良質な水の安定供給や山地災害の防止などの機能をもっている。この評価基準では，水土保全機能のうち次の4つを対象としている。

・渇水・洪水緩和機能
　雨や雪を一時保水し，川の流量をならすはたらき

・水質保全機能
　窒素やリンなどの栄養塩の過剰発生や水温上昇などを抑制するはたらき

・土砂流出防止機能
　雨水による土壌侵食を抑えるはたらき

・土砂崩壊防止機能
　斜面の崩壊，崩落などを抑えるはたらき

水土保全機能を評価するためには，実際に川の流量や水質を測定することが望ましいが，多くの場所で観測するのは大変な作業である。そこでこの評価では，土壌表面が樹冠ですべて被われ，かつ下層植生のある森林を満点(めざす姿)として，水土保全機能を低下させると考えられる地表の状態について，各面積割合に応じて減点法で評価することとしている。

1.1　評価流域の選定

まず，どの程度の広がりを対象にするかを決める。この評価では，山地や丘陵にある森林地域を対象に，数百 ha 程度の「流域」を広がりの単位とする。流域とは，そこに降った雨がすべて対象とする川に流れ込む範囲のことである。

同じ面積の崩壊地が発生したとしても，尾根の近くにある場合と川の近くにある場合では，川の水量や水質に及ぼす影響が異なる。そこで，この評価では，流域を渓畔域と山地斜面に区分して評価している。渓畔域は，川の流路から左右 30 m の範囲として，残りの部分を山地斜面とする。これらの面積は，次のようにして求められる。

　渓畔域面積(ha)＝流路総延長(m)×60(m)/10,000

　山地斜面面積(ha)＝流域面積(ha)－渓畔域面積(ha)

30 m という値は，水質を浄化する渓畔林の幅を算出した過去の研究例を参考にしたものである。

1.2　地表の状態の判定

水土保全機能のうち，渇水・洪水緩和機能，水質保全機能および土砂流出防止機能では，降水が直接地表面にあたらないための樹冠層の確保と，土壌を保全するための下層植生の確保が重要である。また，樹木や下層植生だけでなく，土壌や基岩層も重要なはたらきをしている。たとえば，森林土壌と畑地を比べた場合，それぞれの場所から流れ出る水量や水質は異なる。それらの面積が大きくなるほど，流域全体から流出する水量や水質の変化も大きくなる。そこで，地被状況の面積に着目し，評価の対象とする流域面積に対してどれくらいの割合を占めているかをあらわす面積割合を指標にしている。水土保全機能を低下させると考えられる地表の状態を，下層植生や土壌などの状況によって7タイプに分類し，樹冠の状態を示す樹冠疎密度と組み合わせた18項目に区分した(表1)。GIS データや空中写真を用いて，対象流域の渓畔域と山地斜面のそれぞれについて，このような項目に

表1 減点評価の対象となる地表の状態の例と重みづけ係数。
表中の数値のうち，左が水量，右が水質の重みづけ係数を示す。

地被状況	樹冠疎密度		
	中以上(41%以上)	疎(11〜40%)	無立木(10%以下)
下層植生のある森林土壌	(減点評価対象外)	疎林状態の林分 0.070，0.004	草本が残存している皆伐跡地，湿原 0.160，0.009
下層植生のない(被度が20%未満)森林土壌	林内が極端に暗く，十分に間伐されていない林分 0.020，0.011	地拵えなどで植生が剝ぎ取られた後，十分に回復しておらず，下層植生の少ない植栽地 0.100，0.018	地拵えなどによって表土や植生が剝ぎ取られ，植生の回復していない場所 0.190，0.028
固結していない地質が露出した場所	有機物層が流出して失われた林内の侵食地 0.300，0.585	樹木が侵入し，森林が回復しつつある崩壊跡地 0.460，0.767	樹木のない崩壊地 0.670，1.000
客土，盛土などで締め固められた土が露出した場所	＊樹木に被われた土場および砂利のない路面 0.300，0.406	＊部分的に樹木に被われた土場および砂利のない路面 0.460，0.534	畑地 ＊樹木に被われていない土場および砂利のない路面 0.670，0.697
客土，盛土などで締め固められた土に植生の回復した場所や人工的な草地，砂利で被われた場所	＊樹木に被われた砂利路面 0.210，0.017	樹木が点在する放棄草地 ＊部分的に樹木に被われた砂利路面 0.340，0.026	スキー場，牧草地などの人工的な草地 ＊樹木に被われていない砂利路面 0.510，0.037
貯水地	(該当なし)	(該当なし)	水田，貯水池 —，0.087
舗装，基岩	樹木が繁茂した岩盤露出斜面 ＊樹木に被われた舗装路面 0.500，—	樹木が点在する岩盤露出斜面 ＊部分的に樹木に被われた舗装路面 0.720，—	岩盤のみが露出した斜面 ＊樹木に被われていない舗装路面 1.000，—

＊の項目は，渓畔域に存在する場合にのみ評価する。

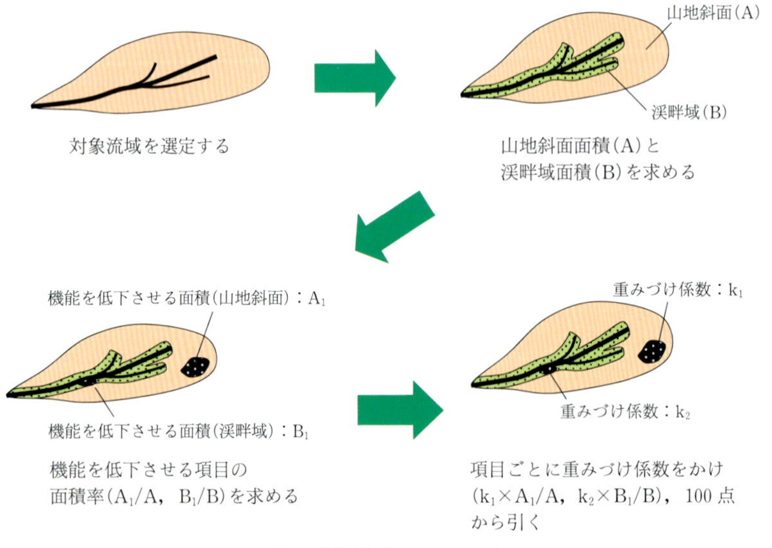

図1 評価方法のイメージ

表 2　土砂崩壊防止機能を低下させる項目の例

斜面傾斜	森林の状態	重みづけ係数	地被状況の例
20°以上	林齢 15 年以下	0.87	急傾斜地で植栽した直後など
	無立木	1.0	急傾斜地にある皆伐跡地など

区分される面積の割合を求め，重みづけ係数を掛けて評価する(図 1)。

土砂崩壊防止機能については，山地斜面および渓畔域それぞれについて，傾斜が 20°以上で林齢 15 年生以下の林分または無立木地となっている面積割合を算出し，表 2 の重みづけ係数によって評価する。

1.3　スコアの算出

山地斜面，渓畔域の渇水・洪水緩和機能，水質保全機能および土砂崩壊防止機能に関するスコアを以下の式で算出する。土砂流出防止機能は，ここで算出されるスコアを用いて計算する。

山地斜面における渇水・洪水緩和機能のスコア(SW)
＝100－Σ{(表 1 の水量の重みづけ係数)×(該当する山地斜面の面積率)}

渓畔域における渇水・洪水緩和機能のスコア(RW)
＝100－Σ{(表 1 の水量の重みづけ係数)×(該当する渓畔域の面積率)}

山地斜面における水質保全機能のスコア(SQ)
＝100－Σ{(表 1 の水質の重みづけ係数)×(該当する山地斜面の面積率)}

渓畔域における水質保全機能のスコア(RQ)
＝100－Σ{(表 1 の水質の重みづけ係数)×(該当する渓畔域の面積率)}

山地斜面における土砂崩壊防止機能のスコア(CL)
＝100－Σ{(表 2 の重みづけ係数)×(該当する山地斜面の面積率)}

渓畔域における土砂崩壊防止機能のスコア(DL)
＝100－Σ{(表 2 の重みづけ係数)×(該当する渓畔域の面積率)}

これらのスコアが求まれば，4 機能の評価点数は以下の式で計算される。

渇水・洪水緩和機能(NW)＝SW×0.5＋RW×0.5

水質保全機能(NQ)＝SQ×0.1＋RQ×0.9

土砂流出防止機能(ND)＝(SQ＋CL)×1/2×0.4＋(RQ＋DL)×1/2×0.6

土砂崩壊防止機能(NL)＝CL×0.5＋DL×0.5

最後に総合評価得点は，4 機能の得点を平均すれば求められる。

水土保全機能の総合評価得点(S1)＝(NW＋NQ＋ND＋NL)/4

2.　生活環境保全機能

生活環境保全機能では，快適な生活環境を保全・形成する機能のうち，地球温暖化を防止する機能(①二酸化炭素吸収・貯蔵機能)と，風や霧などによる自然災害を防ぐ機能(②防風機能，③飛砂防止機能，④防潮機能，⑤防霧機能)を評価対象としている。

自然災害防止機能は，人家や農地などの保全対象と，問題となる気象などの自然条件が存在することが前提となる。すなわち，効果が期待される場所に森林が存在することで，初めて機能が発揮される。一方，地球温暖化防止機能は，世界のどこにある森林でも等しく機能を発揮することができるものである。

評価の対象とする機能によってめざす姿が異なるため，直径，樹高，林帯幅など各機能に関連性のある項目に着目し，機能ごとに評価方法を作成した。

実際には，この基準のような手法で森林の状態を測定し，それぞれの機能の発揮状況と比較検討した研究が行われていないものもある。この基準の作成を機に，今後の研究の発展を期待したい。

2.1　二酸化炭素吸収・貯蔵機能

二酸化炭素の吸収機能は森林の成長量，貯蔵機能は森林の蓄積をもとに，小班ごとに次の式で炭素量に換算して評価する。

二酸化炭素吸収機能＝ha 当たり成長量×拡大係数×木材比重×炭素含有率

二酸化炭素貯蔵機能＝ha 当たり蓄積×拡大係数×木材比重×炭素含有率

成長量や蓄積は，幹だけを基準に求められているため，まず幹材積に対して根や枝など樹木全体を含めた材積の比である拡大係数を乗じる。さらに材積に対する乾燥重量の比である木材比重を掛けて樹木の重量を求める。これに炭素含有率を掛けると，樹木に含まれる炭素量が求められる。

ここで用いる拡大係数，木材比重，炭素含有率は，気候変動枠組条約に基づき日本が温室効果ガスと前駆物質などの排出・吸収に関する目録（インベントリ）を気候変動枠組条約事務局に報告する際の算出方法に基づいており，現在用いている値は表 3 のとおりである。

表 3　二酸化炭素吸収・貯蔵機能の評価に用いる係数

	拡大係数	木材比重	炭素含有率
針葉樹	1.7	0.4	0.5
広葉樹	1.9	0.6	0.5

2.2　防風機能

防風機能は，樹木がまばらでも過密でも低下する。そのため，林帯が適切に管理された，防風効果範囲の大きい健全な森林を目標としている。具体的な保全対象があり，かつ帯状に連続している森林を単位として評価する。

防風機能の評価基準では，相対風速が 70％以下となる範囲を防風範囲としている（図 2）。防風範囲はしばしば樹高の倍数で表現され，これまでの調査事例によると，最大防風範囲は樹高の 12.5 倍程度である。そこで，森林の現在の状態から防風範囲を推定し，この値と最大防風範囲の割合に，形状比（樹高/胸高直径）による係数および樹種の適正による係数（表 4）を乗じて点数化している。

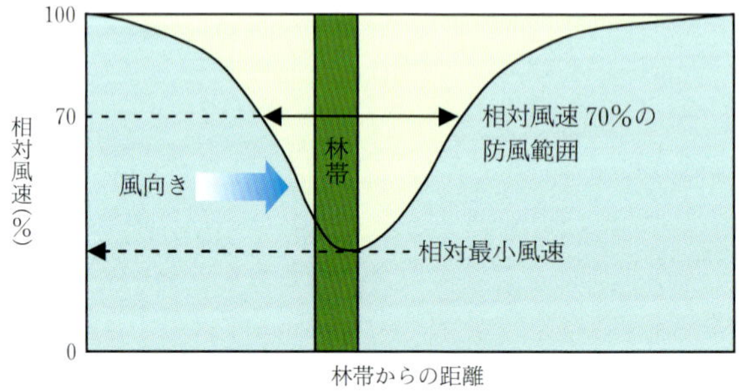

図 2　防風効果の模式図

表 4　防風機能の評価に用いる係数など

評価項目	評価内容
形状比（B）	ha 当たり樹高上位 250 本の形状比（樹高/胸高直径）の平均値を求める。 形状比＞70 のとき：70/形状比 形状比≦70 のとき：1
樹種の適性	
地域に適しているか（C1）	地域に適した郷土種：1，外来種だが良好に成長：0.9，適さない：0.8
最大樹高が十分に高くなることが期待できるか（C2）	高い：1，中庸：0.9，低い：0.8
開葉時期が期待される防風機能に適しているか（C3）	適している：1，中庸：0.9，適さない：0.8

総合評価＝A×B×C1×C2×C3

ここで，A は現況の防風範囲(樹高の倍数)/最大防風範囲×100，B は形状比による係数，C1，C2，C3 はそれぞれ樹種の適性による係数(表 4)である。

形状比による係数は，後述の飛砂防止機能，防潮機能，防霧機能にも同様に適用している。一般的に，形状比が 70 以上になると風雪害を受けやすくなるといわれている。自然災害防止機能を期待する森林では，その森林が健全でなければ機能が発揮できないおそれがあるためである。

2.3　飛砂防止機能

地表が樹木で被われることにより，飛砂の発生が防止されるとともに，風速が抑えられて飛砂の後方への移動が抑制される。樹木の密度が高いほど相対最小風速が低下し，飛砂防止機能が高まると考えられるが，過密な林分では気象害などを受けやすくなる。そのため，林分のうっ閉率(樹木に被われている面積の割合)に形状比による係数を乗じて点数化する。飛砂防止機能の評価では，海岸にそって帯状に分布する森林を対象として，小班単位で評価を行う。

総合評価＝A×B

ここで，A は林分のうっ閉率，B は形状比による係数(表 4)である。

2.4　防潮機能

津波や高潮として林内に侵入した海水の流速を樹幹の摩擦抵抗によって低下させたり，海から飛来する塩分を捕捉する機能で，海水のエネルギーを吸収して破壊力を減少させるエネルギー吸収効果，漂流物の移動を立木によって阻止する漂流物移動阻止効果，塩分を捕捉する飛塩防止効果からなる。

エネルギー吸収効果や漂流物移動阻止効果は太い樹木が多数生育しているほど高いため，次のように点数化して評価する。

エネルギー吸収機能＝A×C

漂流物移動阻止機能＝B×C

ここで，A は ha 当たり胸高直径合計による係数，B は ha 当たり胸高直径上位 250 本の平均値による係数(表 5)，C は形状比による係数(表 4)である。

なお，飛塩防止効果については，防霧機能における霧粒の捕捉と類似しているため，防霧機能の評価基準を用いて評価する。

2.5　防霧機能

樹冠によって霧粒を捕捉する効果，暖められた樹冠(樹木の枝や葉の集まり)によって気温を上昇させる効果，林帯がつくりだす乱流によって，梢や地面で暖められた空気を拡散させたり霧粒が樹冠に捕捉されやすくする乱流効果などによって，霧を消失させる機能である。霧は，樹木が発生させる乱流によって，樹冠に捕捉されやすくなる。そのため，大小の樹冠が配置されて樹冠の凹凸度(森林を横から見たときの樹冠の凹凸の度合い)が高く，乱流の激しく起こる林分構造をもつ森林を目標とする。樹冠の凹凸度を示すものとして，樹冠凹凸指数(図 3)を用いている。

A は樹冠凹凸指数による係数，B は樹種による係数(表 6)，C は形状比による係数(表 4)とすると，

総合評価＝A×B×C

表 5　防潮機能の評価に用いる係数

評価項目	評価内容
ha 当たり胸高直径合計による係数(A)	ha 当たり胸高直径合計(cm/ha)を求める。 胸高直径合計≧50,000 のとき：100 胸高直径合計＜50,000 のとき：胸高直径合計/50,000×100
ha 当たり胸高直径上位 250 本の平均値による係数(B)	ha 当たり胸高直径上位 250 本の平均値(cm)を求める。 平均胸高直径≧20 のとき：100 平均胸高直径＜20 のとき：胸高直径の平均値/20×100

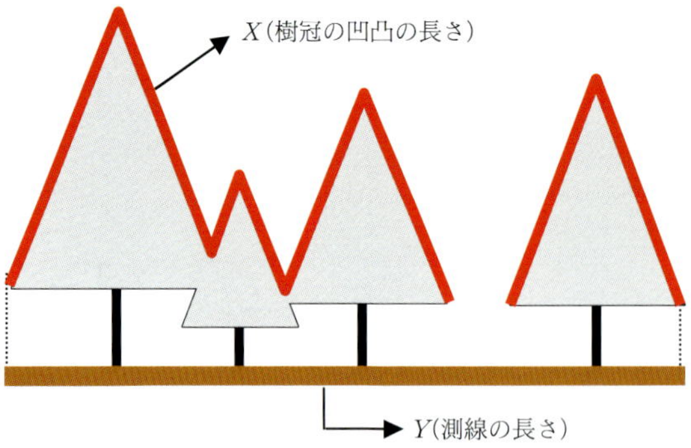

図 3　樹冠凹凸指数の計算方法。図のように求めた樹冠の凹凸の長さ(X)と測線の長さ(Y)の割合(X/Y)を樹冠凹凸指数とする。

表 6　防霧機能の評価に用いる係数

評価項目	評価内容
樹冠凹凸指数による係数(A)	樹冠凹凸指数(図 3)を求める。 樹冠凹凸指数≧3 のとき：100 樹冠凹凸指数<3 のとき：樹冠凹凸指数/3×100
樹種による係数(B)	針葉樹：1 広葉樹：0.8

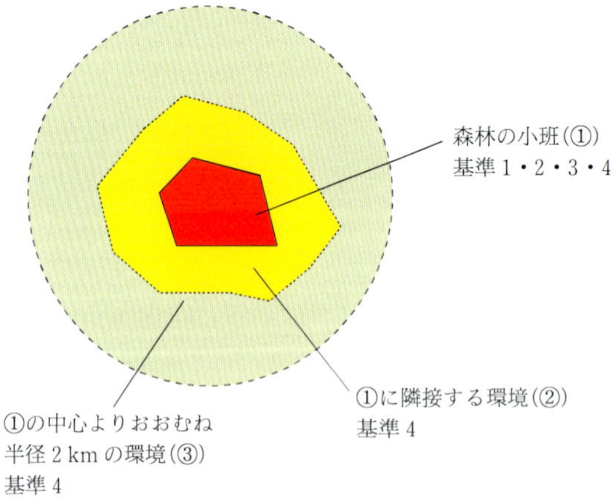

図 4　評価対象となる森林と考慮すべき隣接・周辺環境

として求められる。

3. 生態系保全機能

生態系保全機能とは，森林の有する機能のひとつで「森林生態系を構成する生物・無機物(土壌や岩石など)・物理的環境(地形や地質など)とその相互関係を維持する」という機能である。つまり生態系保全機能の評価は，その森林のもつ「生態系を育む力」を評価対象としている。生態系保全機能が高いかどうかの判断は，以下の 3 項目に着目し，評価することとした。

- 希少性が高い(希少な種が生息・生育できる環境が維持されている)
- 多様性が高い(生息・生育している種が多様である)
- 自然性が高い(その土地の潜在自然植生に近い植生を保っている)

潜在自然植生とは，もし人為的な行為がなければ，その土地が支えうると推定される自然の植生(植物の集団)のことである。評価対単位は基本的に小班(図 4 の①)とし，必要に応じてその周辺の環境(②と③)を考慮することとした。

3.1　希少性の評価

『北海道レッドデータブック 2001』(以下, RDB)に記載されている絶滅のおそれのある種(絶滅危機種・絶滅危惧種・絶滅危急種, 表7)が対象森林に1種以上生息していれば評価を「高い」とし, 確認されなければ「確認されず」とする。

3.2　多様性の評価

動物の多様性, 植物の多様性を現地調査により別々に判断し, 統合して4段階で評価する。

表7　森林に生息・生育するおもな絶滅のおそれのある種

	絶滅危機種	絶滅危惧種	絶滅危急種
植物	アツモリソウ イブリハナワラビ エゾオオケマン エゾサカネラン エゾセンノウ カラフトアツモリソウ キバナノアツモリソウ クロミサンザシ コアツモリソウ サカネラン シュンラン ヒダカミツバツツジ レブンアツモリソウ	イチゲイチヤクソウ オクシリエビネ キンセイラン クシロネナシカズラ クマガイソウ コイチヨウラン サルメンエビネ ヒメホテイラン ベニバナヤマシャクヤク ユウシュンラン	アカスゲ イチヨウラン ウラホロイチゲ エゾギンラン エゾツリスゲ エビネ カモメラン カラフトハナシノブ クシロチドリ クシロワチガイソウ シラネアオイ スギラン タカネフタバラン チャボチドリ ツリシュスラン トラキチラン ヒナチドリ ヒメドクサ ヒメムヨウラン フクジュソウ フサスギナ ホソスゲ ミヤウチソウ
ほ乳類			オコジョ ヒメホオヒゲコウモリ
鳥類	シマフクロウ ミユビゲラ ワシミミズク	イヌワシ クマタカ	オオタカ クマゲラ ハイタカ
両生・は虫類		キタサンショウウオ	コモチカナヘビ

表8　動物の多様性の評価基準(1時間の定点調査による)

鳥類の指標種	評価
ツツドリ・アカゲラ・コゲラ キビタキ・ハシブトガラ・ゴジュウカラ キクイタダキ・コガラ・ヒガラ センダイムシクイ・ビンズイ・カケス ミソサザイ・コマドリ・オオルリ・ホオジロ	8種以上確認 ──→「高い」 5種以上7種以下 ──→「やや高い」 1種以上4種以下 ──→「普通」 確認されず ──→「低い」

表9　植物の多様性の評価基準(20×20 mのプロット調査による)

対象森林の種類	上木の種数	草本の種数	評価
針葉樹林	5種類以上	12種以上	上木・草本種数のどちらかが基準値以上であれば「高い」
針広混交林	10種類以上	15種以上	
ブナ林	5種類以上	8種以上	
そのほか広葉樹林	10種類以上	20種以上	

表 10　自然性の評価基準

植生のタイプ	植生の例	評価
市街地植生地・無立木地など	人為的影響により木本類がほとんど存在せず，外来種の草本がおもに生育する地域	低い
単層・複層の人工林		普通
植栽木以外の樹種の侵入が進んだ人工林	上木において，植栽木と侵入木の比率が 25%以上の人工林	やや高い
人為的影響の大きい二次林	人為的影響により生育環境が改変されており，潜在自然植生とかけ離れた二次林：排水された湿地，かきおこし地など	
種組成を改変された天然林	人為的影響により種組成を改変された天然林：植え込み地など	
自然林に近い二次林	潜在自然植生に近い二次林	高い
原生的な天然生林	生育環境が本来の自然状態に近く，種組成に人為的影響の少ない天然林	
原生林	人為的影響を受けていない自然植生	

動物の多様性は鳥類の指標種(ある特定の環境を好み，それが確認されたことで特定の環境条件を示す種のこと。表 8)の出現種数で判断し，植物の多様性は 20×20 m のプロット内の生育種数で判断する。最後に，動物の多様性の評価をベースに，植物の多様性の評価(表 9)が「高い」であった場合に限り，評価を 1 ランク上げて多様性の評価とする。

3.3　自然性の評価

対象となる森林の植生の自然度が高いかどうかを表 10 のとおり評価する。

3.4　周辺環境の評価と補足評価

これまでの評価で網羅できなかった部分を補足するため，対象森林の周辺環境も含めた 3 種類のエリア(図 4)でそれぞれ表 11 のとおり評価を行い，各項目で得られた点数を合計する(該当がない場合は 0 点とする)。

3.5　総合評価の導き方

基準 1 から基準 3 のなかで，もっとも高い評価が得られたものを総合評価とする。ただし基準 4 で 10 点以上が得られた場合は，総合評価を 1 ランク上げる。

4.　文化創造機能

文化創造機能とは，「森の文化」を育む機能のことである。より具体的には，森林が心身を休養する場やレクリエーション・教育の場，優れた景観などを提供することで，人間に対し快適でゆとりのある生活をもたらすという機能である。

文化創造機能は，個人の感性や価値観をとおして評価せざるをえないことから，人との何らかの関わりのある森林のみを評価の対象とする。ここでは，5 つの指標によるレーダーチャート化と森林利用型の分類による基準を作成した。評価対象とする森林の単位の目安は設けないが，利用を考えるときに，一体として利用するのが望ましいと思われる森林の大きさとする。

評価に用いる評価軸は，「固有性」，「自然性」，「郷土性」，「傑出性」，「眺望性」(人間が短期間につくりだすことの難しいもの)の 5 つとした。

4.1　評価軸ごとの得点化

表 12 を用いて，5 本の評価軸から対象森林を見たときにどんな評価が得られるのか得点化する。最高が 3 点，最低が 1 点である。

4.2　レーダーチャート化と総合評価

「固有性」，「自然性」，「郷土性」，「傑出性」，「眺望性」の 5 つの軸を使ってレーダーチャート化を行う(図 5)。レーダーチャートの形を以下の例と比較し，対象森林にふさわしい利用のタイプを示した「保全型」，「自然重視型」，「社会重視型」，「景観型」，「活用型」の 5 つの型の

表 11　周辺環境の評価と補足評価の基準

(1)　森林の小班(範囲①)で評価するもの

	構成要素	評価方法
希少種	『北海道レッドデータブック 2001』掲載の「希少種」の生息・生育の確認情報	あれば 1 点
樹木	大径木(胸高直径 30 cm 以上)	あれば 1 点
	樹洞のある木	あれば 1 点
	立ち枯れ木(胸高直径 20 cm 以上)	あれば 1 点
	倒木(直径 20 cm 以上)	あれば 1 点
	動物の好む堅果類(ミズナラなど)	あれば 1 点
	動物の好む液果類(ヤマブドウなど)	あれば 1 点
ギャップ	0.4〜0.8 ha 程度の林内の間隙	あれば 1 点
林縁	林の外周部分の植生	発達していれば 1 点
林床植生	更新の阻害要因としてササが大きいか藪(ササ藪を除く)の存在	大きいと思われれば 0 点
		あれば 1 点
階層構造*	階層 / 無 / 疎 / 中 / 密 高木層 0 1/3 2/3 1 亜高木層 0 1/3 2/3 1 低木層 0 1/3 2/3 1 草本 0 1/3 2/3 1	合計点数 3 以上で 2 点 合計点数 2 以上で 1 点 そのほかは 0 点

(2)　①に隣接する環境(範囲②)で評価するもの

水系	河川	あれば 1 点
	湖沼・湿原・湿地	あれば 1 点
	苔の生えた礫(れき)	見られたら 1 点
	渓畔に裸地がある	あれば−1 点
	谷への枝条などの廃棄	あれば−1 点
地形特性	岩場・風穴・洞穴など	確認できれば 1 点
	岩壁	河川とともにあれば 1 点
	土崖	河川とともにあれば 1 点
森林の配置	モザイク構造の有無	樹種・樹高など異なるタイプの林分が混在していれば 1 点
林齢	壮齢林*2 が含まれるか	含まれれば 2 点
一般人の立ち入り	駐車場のある施設，歩道がある	施設のみ ⟶ −1 点 施設と歩道 ⟶ −2 点

(3)　①の中心より半径 2 km の円内(範囲③)で評価するもの

人工林率	対象森林を含む森林のまとまりの人工林面積率	0%で○，50%以上で×
林道密度	基準値 3.07 m/ha (道内民有林平均)	登山道・作業道のみ ⟶ ○ 基準値以上または公道あり ⟶ ×

* 階層構造：高木から草本まで 4 階層のそれぞれの葉密度を 4 段階で評価したときの合計点。たとえば高木層が「中」なら 2/3，亜高木層が「疎」なら 1/3，低木層が「無」なら 0，下層植生が「密」なら 1 となる。2/3+1/3+0+1=2 となることから，合計点数が 2 以上となり，評価は 1 点になる。

*2 壮齢林：成熟した段階に達した森林のことで，林齢で 50 年生が目安。

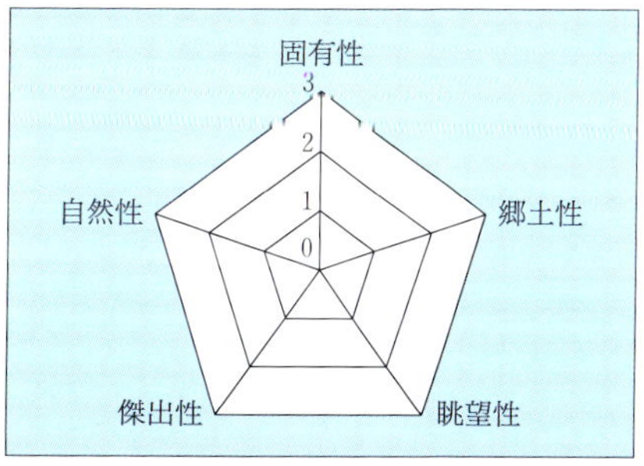

図 5　文化創造機能評価のレーダーチャート

表 12　文化創造機能の評価軸と得点

	評価するポイント	参考例	評価方法
固有性	・その地方にしかない種，群落，生態系がある ・地名を冠した種がある ・地域あるいはもっと広い範囲で減少しつつある要素がある	・春国岱アカエゾマツ純林など ・アポイカンバ，オオヒラウスユキソウなど	・要素が道内に広く知られている場合は 3，地元や愛好家に限って知られている場合は 2，要素がない場合は 1(3 点満点)
自然性	・多様な自然が見られる(広葉樹林，針葉樹林，渓流，湿原など) ・魅力ある植物群落を含む，または野生動物の痕跡が見られる	・花の美しい植物など ・キツツキ類の食痕や鳥の巣，動物の足跡など	・最低を 1 とし，評価するポイントに当てはまる数だけ 1 点を加算(3 点満点)
郷土性	・古い時代から継承されてきた要素 ・地域の生活文化と関わりの深い要素 ・地域のシンボルとして親しまれる要素 ・上記要素のいずれかが存在する	・遺跡，森を舞台とした伝承・祭事など ・道祖神，寺社林，御神木，銘木	・固有性に同じ
傑出性	・高さ，広さ，古さ，美しさ，特殊さなどの点において傑出している	・大径木，巨木 ・樹木でアーチ状に形成されたトンネルなど	・全道的にみて傑出している場合は 3，地域的にみて傑出している場合は 2，それ以外は 1(3 点満点)
眺望性	・人工物と森林の調和が取れている ・多くの人の目につきやすい		・自然性に同じ

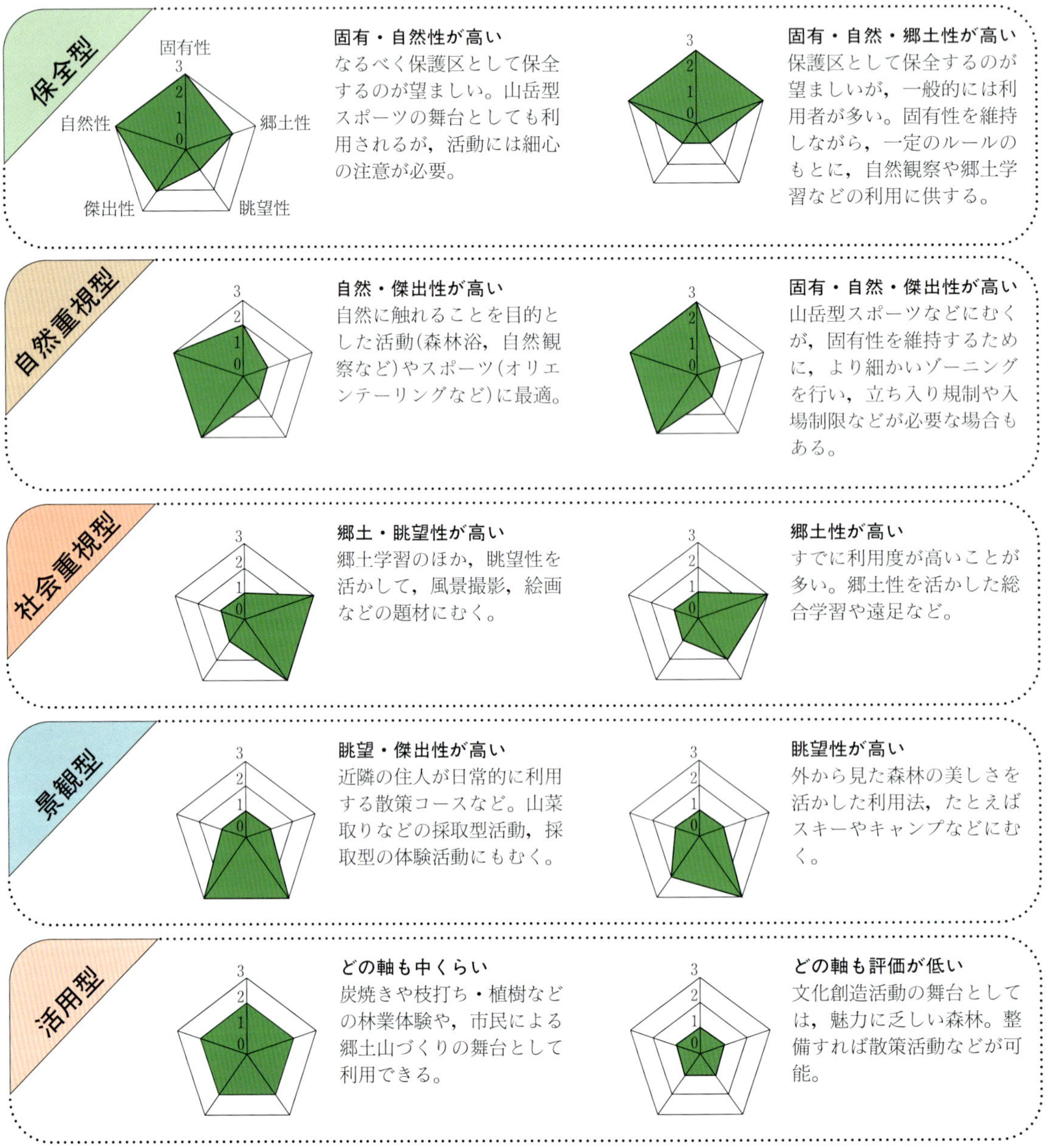

保全型
固有性
自然性
郷土性
傑出性
眺望性
3
2
1
0
固有・自然性が高い
なるべく保護区として保全するのが望ましい。山岳型スポーツの舞台としても利用されるが，活動には細心の注意が必要。
固有・自然・郷土性が高い
保護区として保全するのが望ましいが，一般的には利用者が多い。固有性を維持しながら，一定のルールのもとに，自然観察や郷土学習などの利用に供する。
自然重視型
自然・傑出性が高い
自然に触れることを目的とした活動(森林浴，自然観察など)やスポーツ(オリエンテーリングなど)に最適。
固有・自然・傑出性が高い
山岳型スポーツなどにむくが，固有性を維持するために，より細かいゾーニングを行い，立ち入り規制や入場制限などが必要な場合もある。
社会重視型
郷土・眺望性が高い
郷土学習のほか，眺望性を活かして，風景撮影，絵画などの題材にむく。
郷土性が高い
すでに利用度が高いことが多い。郷土性を活かした総合学習や遠足など。
景観型
眺望・傑出性が高い
近隣の住人が日常的に利用する散策コースなど。山菜取りなどの採取型活動，採取型の体験活動にもむく。
眺望性が高い
外から見た森林の美しさを活かした利用法，たとえばスキーやキャンプなどにむく。
活用型
どの軸も中くらい
炭焼きや枝打ち・植樹などの林業体験や，市民による郷土山づくりの舞台として利用できる。
どの軸も評価が低い
文化創造活動の舞台としては，魅力に乏しい森林。整備すれば散策活動などが可能。

図 6　文化創造機能の評価結果からみた対象森林にふさわしい利用のタイプ

どれかに当てはめて総合評価とする。これにより，その森林の特徴を活かした活動がわかる(図6)。

4.3　木材生産機能

木材は，生態系のなかで生産された生物材料であり，持続的な森林管理がなされる限り，循環的な利用が可能である。この，人と環境に優しい資材である木材を生産する機能を木材生産機能と定義する。木材生産機能が高いかどうかの判断は，以下の3項目に着目し評価する。

・良質の木材生産が可能である
・木材の効率的な生産が可能である
・健全性が高い

ここでいう健全性とは，森林の良好な成長を保証し，木材の安全・確実な供給の基礎となる，自然災害や病虫獣害に対する耐性の高さをさす。

なお，評価の対象は樹冠の閉鎖した後の針葉樹人工林の単層林で，建築用材の生産を目標とした森林とする。評価単位は小班とし，評価は，ランク1(最低)からランク10(最高)の10段階評価とする。

なお，広葉樹人工林，複層林，天然林の木材生産機能については，既存の科学的知見が乏しいこと，成長の異なるさまざまな樹種の混じりあった天然林の生産力の考え方など難しい点もあり，本基準から除き，将来の検討課題とすることとした。また，本基準は立木や丸太の価格を評価するための基準ではないことに留意願いたい。

評価項目は「形状比」，「成長量」，「蓄積」，「枝打ち」，「林内路網」，「平均傾斜」，「小班面積」，「材の欠点」の8項目であり，評価の手順は以下のとおりである。

(1)評価に必要なデータの収集

まず，森林調査簿より，樹種，林齢，小班面積を調べる。また，現地において小班の傾斜，最寄りの林道・作業道までの距離を調査する。

その小班のもっとも平均的な林相・成長を示す箇所に20×20 mの標準地を設定し，立木本数，単木ごとの胸高直径，樹高，枝打ちの有無，病虫獣害の状況，曲がりの状況を調査する。

(2)蓄積を求める

標準地調査から得られた上層・中層・下層の各1本(上層は4本のなかでもっとも樹高の高い木)の胸高直径と樹高の関係より，関係式(樹高曲線式)を導く。この関係式を用いて，調査した木の胸高直径に対するそれぞれの樹高を求める。このようにして求めた胸高直径と樹高から全調査木の材積を算出・積算し，ha当たりに換算して蓄積を導く。

(3)林分形状比を求める

林分の形状比として，「平均樹高を平均胸高直径で除する数値」や「単木ごとに樹高を胸高直径で除した値の平均値」を使用する場合もある。今回は簡便性を重視して，林分の上層樹高を平均胸高直径で除した値を使用し，「林分形状比」とした。また，上層樹高として，樹高の高い木から順に1 ha当たり上位100本の平均樹高を使用することとし，ここでは樹高を測定した上層木4本(400 m^2当たり)の平均値を使用する。

(4)林分成長量を求める

林分成長量とは，ha当たり蓄積を(林齢：A)で除した値とする。A(表13)は，林地の生産力が高くない立地における，総蓄積にあまり影響しない，生育初期の期間であり，樹種によって異なる。

(5)総合評価

以上のようにして求めたデータを用いて項目ごとの点数を求めていく(表14)。形状比については，表15のとおり樹種ごとに基準を定めており，点数をそのままポイントとする。成長量の基準は表16のとおりである。形状比以外の7項目については，合計点数をポイントとする

表13　期間A

樹種	A
カラマツ	3
トドマツ	16
アカエゾマツ	19
スギ	5

表 14　木材生産機能の評価項目と評価方法

評価項目	評価方法	点数	備考
形状比	林分形状比を求め，樹種ごとの表(表3)より点数を決定する。ただし ha 当たり蓄積が 50 m³ 以下でなら一律1点とする	1～5点	点数をそのままポイントとする
成長量	林分成長量を求め，樹種ごとに定めた林分成長量(表16)を上回れば1点	0～1点	合計5点以上 ⟶ 5ポイント，4点 ⟶ 4ポイント以下，点数をそのままポイントとする
蓄積	ha 当たり蓄積が，150 m³ 以上なら1点	0～1点	
枝打ち	標準地で20本程度の立木に枝打ちを実施していれば1点*	0～1点	
林内路網	最寄の林道・作業道まで 100 m 以内であれば1点	0～1点	
平均傾斜	傾斜が 10° 以下の面積が，小班の 50%以上を占めれば1点	0～1点	
小班面積	小班面積が 1 ha 以上であれば1点	0～1点	
材の欠点	なければ1点*2	0～1点	

* 標準地に20本残っていない場合でも，将来的な立木に枝打ちが施されていれば1点。
*2 材に気象害や病虫獣害などの影響が見られない，曲がりが少ない，と思われるものであれば1点。

表 15　樹種別林分形状比基準

	カラマツ	トドマツ・アカエゾマツ・スギ	得点
形状比	80未満	70未満	5点
	80以上～90未満	70以上～80未満	4点
	90以上～100未満	80以上～90未満	3点
	100以上～110未満	90以上～100未満	2点
	110以上	100以上	1点

表 16　林分成長量基準

樹種	林分成長量(m³/ha・年)
カラマツ	6
トドマツ	5
アカエゾマツ	4
スギ	7

が，上限は5ポイントとしており，6点以上の場合も5点とする。すべてのポイントを合計したものを総合ポイント＝ランクとする。

○森林機能評価基準の実践

水土保全機能(水と土を守るはたらき)

市町村名		調査年月日	
林班（※）		評価者	
※林班面積程度（数百ha）の大きさの流域を想定			

1．評価の対象とする流域を決めます

流域（降った雨が川に流れ込む範囲）を決めるため、図面において川の合流点などのポイントを決め、尾根を結んだ線で括ります。

2．流域全体の面積を求めます

プラニメータや点格子板という道具などを使い、流域内の面積（A）を測ります。

区分	入力項目	
流域面積（A）		(ha)
流路長（α）		(m)
渓畔域の面積（B）(=α*60/10,000)		(ha)
山地斜面面積（C）(=A−B)		(ha)

3．流域を渓畔域面積と山地斜面面積に分けます

図面に描かれた川の長さ（α）を測り、左右30mの幅を乗じた面積を渓畔域の面積（B）とし、残りを山地斜面面積（C）とします。

4．水土保全のはたらきを低くする箇所の面積を山地斜面、渓畔域毎に求めます

木の混み具合や下草の生え具合や土砂崩れなど森林や地表の状態を写真から判読したり、現地で調査したりして、①，②の区分に従い、渓畔域・山地斜面ごとに面積を出します（F，G，I，J）。

①水量、水質を低下させる項目と減点点数

樹木の茂り具合	地表の状態	その例	減点点数 D:水量	減点点数 E:水質	面積 F:渓畔	面積 G:山地
樹木が殆どない（1割以下）	森林土壌に草や低木が生えている	草の残った皆伐跡地、山火事跡地、湿原	16	0.9		
	森林土壌の上に草や低木が生えていない	造林準備のため表土や草などを取除いた場所	19	2.8		
	砂・粘土・火山灰などが露出	崩壊地	67	100.0		
	人が土を入れ、表面を固めた土	畑地、*土場及び砂利のない路面*	67	69.7		
	人が土を入れた後の草地や砂利地	スキー場、牧草地、*砂利路面*	51	3.7		
	貯水地	水田、貯水ダム	−	8.7		
	舗装，基岩	岩盤が露出した斜面、*舗装路面*	100	−		
部分的に樹木に覆われている（1割〜4割）	森林土壌に草や低木が生えている	疎林状態の林分	7	0.4		
	森林土壌の上に草や低木が生えていない	地拵え後、まだ下層植生の少ない植栽地	10	1.8		
	砂・粘土・火山灰などが露出	樹木が侵入してきた崩壊跡地	46	76.7		
	人が土を入れ、表面を固めた土	*土場及び砂利のない路面*	46	53.4		
	人が土を入れた後の草地や砂利地	放棄草地、*砂利路面*	34	2.6		
	舗装，基岩	樹木が点在する岩盤露出斜面、*舗装路面*	72	−		
樹木が繁茂（4割より多い）	森林土壌の上に草や低木が生えていない	十分間伐されていない林分	2	1.1		
	砂・粘土・火山灰などが露出	落ち葉や分解された動植物などが流出	30	58.5		
	人が土を入れ、表面を固めた土	*土場及び砂利のない路面*	30	40.6		
	人が土を入れた後の草地や砂利地	*砂利路面*	21	1.7		
	舗装，基岩	岩盤露出斜面、*舗装路面*	50	−		

*の斜体の項目（*砂利路面*、*舗装路面*等）は、渓畔域に存在する場合にのみ減点します。

※路面面積の出し方　林道：道の長さ(m)×4/10,000、作業道や集材路：道の長さ(m)×3/10,000

②土砂の崩壊を防ぐはたらきを低下させる項目と減点点数

斜面傾斜	森林の状態	減点点数（H:崩壊）	面積 I:渓畔	面積 J:山地
傾斜20° 以上	林齢15年以下	87		
	無立木地	100		

5．樹木が茂り、下草などがある林を100点とし、減点点数を算出します

①②で求めた渓畔域・山地斜面ごとの水質、水量、土砂崩壊を防ぐはたらきを低下させる項目について点数を下式より算出します（低下面積が同一区分に2カ所以上ある場合、各々の減点点数を合計します）。

区分	渓畔域		山地斜面	
①水量	100点−ΣD（渓畔域の水量減点点数）×F（渓畔域減点箇所の面積）／B（渓畔域面積）	RW	100点−ΣD（山地の水量減点点数）×G（山地減点箇所の面積）／C（山地面積）	SW
①水質	100点−ΣE（渓畔域の水質減点点数）×F（渓畔域減点箇所の面積）／B（渓畔域面積）	RQ	100点−ΣE（山地の水質減点点数）×G（山地減点箇所の面積）／C（山地面積）	SQ
②崩壊	100点−ΣH（渓畔域の崩壊減点点数）×I（渓畔域減点箇所の面積）／B（渓畔域面積）	DL	100点−ΣH（山地の崩壊減点点数）×J（山地減点箇所の面積）／C（山地面積）	CL

6．4つの機能の点数を算出し、総合評価します

算出方法	評価結果
渇水・洪水緩和機能＝RW×0.5+SW×0.5	
水質保全機能　　　＝RQ×0.9+SQ×0.1	
土砂崩壊防止機能　＝DL×0.5+CL×0.5	
土砂流出防止機能＝〔(RQ+DL)×1/2〕×0.6+〔(SQ+CL)×1/2〕×0.4	

4つの機能の点数÷4 ⇒

総合評価結果

図7　森林機能評価基準の実践(1)-①　水土保全機能(北海道庁，2005 作成。北海道 web ページ www.pref.hokkaido.lg.jp/sr/srk/hyouka/index.him より)

水土保全機能評価の考え方！

流域を選ぶ方法

・流域とは、降った雨が全て、対象とする川に流れ込む範囲のことです。
大きな河川から小沢まで様々な大きさの流域がありますが、
この評価では、山地や丘陵にある森林地域を対象として、
沢筋や尾根筋、林道、河川などの自然地形を利用した区画である
「林班」の面積程度（数百ha）の大きさの流域を想定しています。

・対象流域を選定する際の目安としては、
① よく濁る川と苦情が寄せられる
② 伐採などの計画があり、住民からの苦情などが想定される
③ 下流で水利用がなされている　　　　などがあげられます。

評価方法の着目点

水土保全機能を評価するためには、実際に川の流量や水質を直接測定することが好ましいのですが、観測することは大変な作業を要します。
今回は、水土保全機能に重要な影響を与えている、２つの要因（「地表の状態」と「樹木の茂りぐあい（樹冠疎密度）」）に着目して、それぞれを組み合わせた項目に区分して、その項目の流域に占める面積の割合により評価することにしています。

流域面積の測定方法

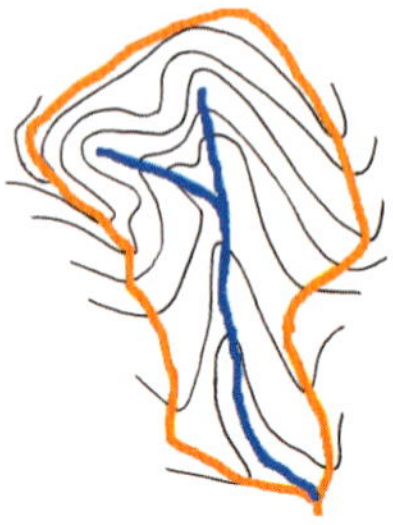

1．空中写真や図面において、川の合流点などのポイントを決め、尾根を結んだ線で括ります。
※尾根状の斜面では等高線と直角になるよう線を引きます。

2．区画の外周線をなぞって面積を測定する“プラニメータ”や、上から点格子のついた透明なシートをかぶせて点数による面積判読を行う“点格子板”などの道具を使い、面積を測ります（３回程度行って平均してください）。
※ＧＩＳを使用して、面積を測定することも出来ます。

どうして山地斜面と渓畔域を分けるの？

同じ面積の崩壊地でも尾根の近くにある場合と川の近くにある場合では、川の水量や水質に及ぼす影響が変わります（川に近い場所で崩壊が起こった場合、その影響が大きくなることが考えられます）。このため、山地斜面と渓畔域を区分してから評価を行うこととしています。

水土保全のはたらきを低くする箇所の面積を求める手順について

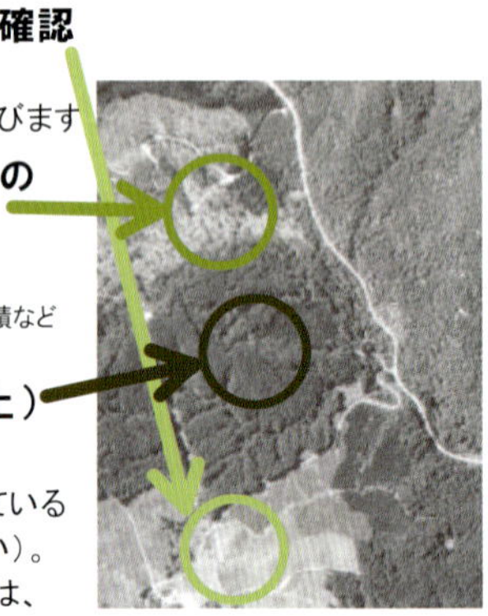

①樹木に覆われていない箇所（被覆面積1割以下：無立木地）の地表状態の確認
空中写真や森林調査簿などにより、無立木地を抜き出します。
この箇所について、地形図や土地利用図なども用いて、おもての例を参考に地表の状態を選びます

②部分的に樹木に覆われている箇所（被覆面積1～4割：樹冠疎密度が疎）の地表状態の確認
①同様、疎密度が疎の部分を選び、地表の状態により区分します。
※植生回復が進んだ崩壊地など空中写真では判読しにくい場合もありますので、土地利用図や、過去の事業の実績なども参考にしてください。

③樹木が繁茂している箇所（被覆面積4割より上：樹冠疎密度が中以上）の地表状態の確認と過去の伐採の確認
疎密度が中以上の箇所でも同様に区分を行います（間伐遅れの林分でもササなどが繁茂していることもあるため、できれば現地で「草や低木が生えていない」か植生の状態を確認してください）。
なお、過去草地や採石地でも、現在の疎密度が中以上であれば「下層植生のある土壌」または、「下層植生のない土壌」にします。

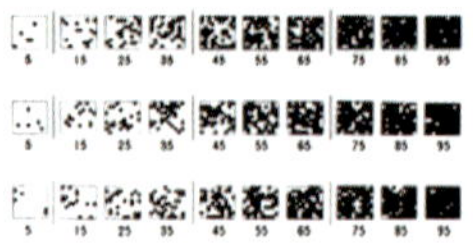

樹冠の状態の区分け（疎密度板（%））

④渓畔域における林内路網の確認
渓畔域に林道、作業道、集材路、土場がある場合には、面積を測ります。
樹冠の状態から、中以上、疎、無立木に区分したあと、林道は幅4m、作業路や集材路は幅3mとして、次の式で路面面積を求めてください。
路面面積＝林道延長(m)×4/10,000＋（作業道延長＋集材路延長）(m)×3/10,000
のり面は、空中写真で判読できるほどのサイズであれば読み取ります。

図 8　森林機能評価基準の実践（1）-②　水土保全機能評価の考え方（出典は図 7 に同じ）

○森林機能評価基準の実践

生活環境保全機能（人の暮らしを守るはたらき）

市町村名		調査年月日	
林小班※		評価者	
※林小班を基本に評価			

○地球温暖化防止機能（二酸化炭素吸収・貯蔵機能）

①貯蔵量の調査…現地調査などにより、ha当たり蓄積を調べます。

②吸収量の調査…　　〃　　単年のha当たり成長量を調べます。

③針葉樹、広葉樹のどちらか判定します。

④蓄積（又は成長量）に係数を乗じて右の表より求めます。

蓄積(又は成長量)(A)	区分	拡大係数(B)	木材比重(C)	炭素含有率(D)	結果(A×B×C×D)
m³/ha	針葉樹	1.7	0.4	0.5	炭素トン t-C/ha
	広葉樹	1.9	0.6		

※B, C, Dは、「日本国温室効果ガスインベントリ報告書」に基づく係数を使用

○自然災害防止機能（防風、飛砂防止、防潮、防霧）

1．共通調査（防風、飛砂防止、防潮、防霧機能に共通）を行います

◎調査箇所：対象の林小班内２００m²（２０m×１０m）を目安

◎調査方法：調査箇所内の全樹種について胸高直径(DBH)と樹高(H)を調査します。
樹高の高い方からhaあたり250本（200m²では5本）について、
形状比（H/DBH）を求め、各々の値の平均値より数値Aを求めます。

区分	数値A	
項目	形状比の平均値	
条件	70以上	70以下
	70／形状比	1
数値		

2．各機能ごとに必要な調査を行います

《防風機能調査》

① 現地調査により樹種、林帯幅（W）、樹高（H）を求めます。

② 魚眼レンズを用い全天写真を撮影し、PCで画像解析を行い風を防ぐ枝葉の量を示す指数（TAI）を求めます。

③ W，H，TAIをもとに右の式に基づき今の防風範囲と最大の防風範囲と比較した数値Bを計算します。

④防風機能の樹種の適性を判断します（数値C1、C2、C3）。

区分	数値B	数値C1			数値C2			数値C3		
項目	防風範囲(現況及び最大)*1	樹種の適性*2			最大樹高が十分高くなると期待			防風機能に適した開葉特性		
条件	現況防風範囲／12.5×100	郷土樹種	外来種	不適	高い	中庸	低い	適	中庸	不適
		1	0.9	0.8	1	0.9	0.8	1	0.9	0.8
数値										

*1)次の式に基づき計算
幹枝葉面積密度(TAD)：TAI／H
相対最小風速　：−20.5 × ln (TAD･W) ＋ 71
現況の防風範囲：−0.00423×(相対最小風速)²+0.208×相対最小風速+9.95
最大防風範囲：12．5（樹高の倍数）
*2) 郷土樹種：地域に適しているもの、外来種：成長が良好なもの

《飛砂防止調査》

現地調査又は空中写真により林分のうっ閉率（樹冠に覆われている面積の割合）を求め、右表の数値Dとします。

区分	数値D
項目	うっ閉率
数値	%

《防潮機能調査》

毎木調査結果から胸高直径合計(/ha)、胸高直径上位250本(/ha)の平均胸高直径を求め、右表の数値E、Fを計算します。

区分	数値E		数値F	
項目	胸高直径合計(cm／ha)		平均胸高直径(cm)	
条件	50,000以上	50,000未満	20以上	20未満
	100	胸高直径合計／50,000×100	100	平均胸高直径／20×100
数値				

《防霧機能調査》

① 現地調査により、20本を調査し、樹冠凹凸指数を求め、右表の数値Gを計算します。
(1)調査木の樹冠の端を原点とし、樹冠の端までの高さを測定。
(2)原点から調査木の根元までの距離を測定。
(3)調査木の樹高を測定。
(4)原点から隣接木の樹冠との接点までの距離を測定。
(5)接点の高さを測定。
(6)樹冠凹凸指数を計算。

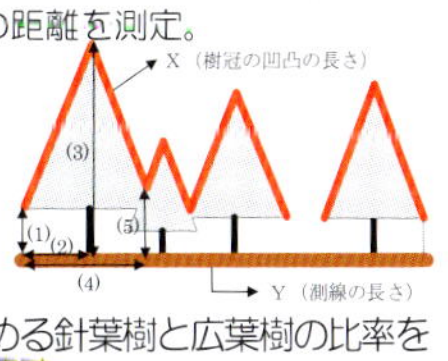

②毎木調査結果から、林冠に占める針葉樹と広葉樹の比率を求め、右表の数値Hを計算します。

区分	数値G		数値H	
項目	樹冠凹凸指数(X)／(Y)		樹種	
条件	3以上	3未満	針葉樹	広葉樹
	100	樹冠凹凸指数／3×100	1	0.8
数値				

3．各機能ごとに評価を行います

共通調査及び各機能の調査結果をもとに右の計算式により評価を行います。

対象機能		評価結果
防風	A×B×C1×C2×C3	
飛砂防止	A×D	
防潮	A×E（エネルギー吸収効果の場合）	
防潮	A×F（漂流物移動阻止効果の場合）	
防霧	A×G×H	点

図９　森林機能評価基準の実践(2)-①　生活環境保全機能(出典は図７に同じ)

○毎木調査《共通調査》野帳

番号	樹種	胸高直径	樹高	番号	樹種	胸高直径	樹高	番号	樹種	胸高直径	樹高
1				36				71			
2				37				72			
3				38				73			
4				39				74			
5				40				75			
6				41				76			
7				42				77			
8				43				78			
9				44				79			
10				45				80			
11				46				81			
12				47				82			
13				48				83			
14				49				84			
15				50				85			
16				51				86			
17				52				87			
18				53				88			
19				54				89			
20				55				90			
21				56				91			
22				57				92			
23				58				93			
24				59				94			
25				60				95			
26				61				96			
27				62				97			
28				63				98			
29				64				99			
30				65				100			
31				66				①樹高上位5本の形状比		②胸高直径上位5本	
32				67							
33				68							
34				69							
35				70							

平均形状比（①より）	
胸高直径合計（全体より）	
平均胸高直径（②より）	

○《防霧機能》野帳

番号	隣接木との接点		樹高		隣接木との接点		
	距離	高さ	距離	高さ	距離	高さ	樹冠の縁の長さ
1	起点 0	①	②	③	④	⑤	α＋β m
2	④	⑤					
3							
4							
5							
6							
7							
8							
9							
10							
11							
12							
13							
14							
15							
16							
17							
18							
19							
20							

調査距離（Y）	m	樹冠の凹凸の長さ（X）（樹冠の縁の長さの合計）	m	樹冠凹凸指数（X／Y）	

樹冠の縁の長さは
三平方の定理により計算

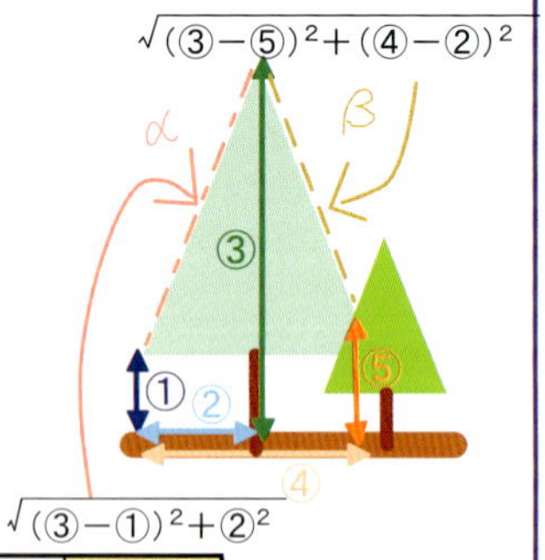

魚眼レンズを用いた全天写真撮影と画像解析方法について《防風機能》

①魚眼レンズで全天写真を撮影する

林帯を構成する樹種ごとに、全天写真を撮影します。魚眼レンズは、画角180度のもので、円形の画像が得られるものを使用し、林帯の中央付近において、撮影者が立った状態で真上を向き、場所を移動しながら5枚程度撮影します

②画像解析からＴＡＩを求める

①写真をパソコンに取り込み、BMP 形式で保存します。
②LIA32(*1)でファイルを開き、[範囲]メニューから[全天空範囲]-[直径]-[マウスによる設定]で全天空範囲を指定します。
③[解析]-[解析オプション]で魚眼レンズタイプと二値化条件（青(B),>=,Intermeans）を設定し、[解析]-[LAI 推定]でLAIを推定します。
④「インフォメーション」ウィンドウに表示される最初のLAIの推定結果を、同一樹種について平均して、TAIとします。

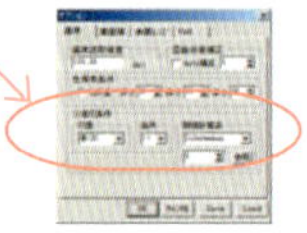

*1)Windows で動作するフリーウェア「LIA for Win32」（山本一清氏作成。http://hp.vector.co.jp/authors/VA008416 から入手可能）。

図 10　森林機能評価基準の実践（2）-②　毎木調査《共通調査》《防霧機能》野帳（出典は図 7 に同じ）

○森林機能評価基準の実践

生態系保全機能（野生の生き物の棲みかとしてのはたらき）

市町村名	調査年月日
林小班※	評価者
※林小班（樹種、林齢、作業上の取り扱いが同一な森林の区画）を基本に評価	

1．絶滅のおそれのある動物や植物がすんでいるか調査します（希少性の評価）

北海道レッドデータブック2001掲載の「絶滅のおそれのある種」について
聞き取り等による生息情報または現地確認情報を確認します。

評価基準	
1種でも存在	高い
それ以外	確認情報なし

2．どんな動物や植物がすんでいるか調査します（多様性の評価）

現地調査により、動物は指標とした鳥の種の数を、植物は木や草の種類と数を調査します。

《鳥の調査》

◎調査場所：評価対象の林小班内

◎調査時期：繁殖期の5月～8月上旬
早朝5時から約1時間

◎調査方法：鳴き声、目撃などで確認
（時々場所を変えながらの定点調査）

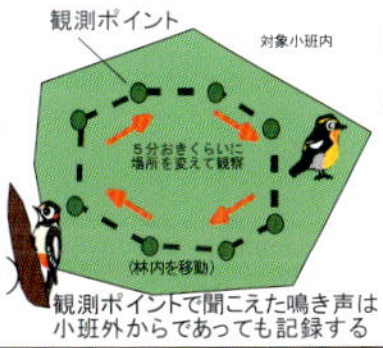

《植物の調査》

◎調査場所：対象の林小班内２０m×２０m

◎調査方法：確認した植物を記録し、
上木と草本（シダ植物を含む）
の種数(*)を数えます。

森林の多様性を表す鳥類の指標種	評価基準（動物）
ツツドリ・アカゲラ・コゲラ・キビタキ	8種以上確認→「高い」
ゴジュウカラ・キクイタダキ・ヒガラ	5種以上7種以下→「やや高い」
センダイムシクイ・ビンズイ・カケス	1種以上4種以下→「普通」
ミソサザイ・コマドリ・オオルリ・ホオジロ	確認されず→「低い」
ハシブトガラ・コガラ（いずれかで1種）	

評価基準（植物）		
森林のタイプ	上木の種数	草本の種数
針葉樹林	5種以上	12種以上
針広混交林	10種以上	15種以上
ブナ林	5種以上	8種以上
その他広葉樹林	10種以上	20種以上
上木・草本種数のどちらかが基準値以上であれば「高い」		

（*）外来種は除きます。

《評価の統合》

動物の結果をベースに、植物の結果が「高い」の場合、評価を1ランク上げます。

3．森林の自然度を調査します（自然性の評価）

対象森林の植生の自然度が高いかどうかを
右の表により調査します。

植生のタイプ	評価基準
市街地の植生・樹木のはえていない林地	低い
人手を加えて成立した植林地（人工林）	普通
植えた木以外が侵入した人工林、人為的な影響の大きい二次林、植え込みなど（種組成を改変された）天然林	やや高い
自然林に近い二次林～原生林	高い

4．隣接した環境や周辺環境を含めて、補足の調査をします

対象森林の隣接環境などを含め、
これまで評価しきれなかった部分を
補足調査します。
それぞれ下に示す調査場所におい
て評価した点数を合計します。

◎調査場所：
・評価対象とした林小班内
・隣接環境
・周辺環境（下図のとおり）

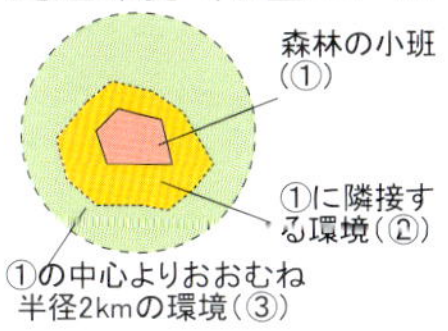

場所	構成要素					評価方法
①	「北海道レッドデータブック2001希少種」の確認情報。大径木、樹洞木、立ち枯れ木、倒木、動物の好む堅果類、液果類。0.4-0.8ha程度のギャップ（林の葉の茂った部分にあいた穴）。林の外周部分の植生が発達。藪（ササ藪を除く）。					+1点
	更新の阻害要因としてササが大きい					−1点
	階層（各階層に適用）して、合計点数を算出	無	疎	中	密	3以上+2点,
	高木、亜高木、低木、草本	0	1/3	2/3	1	2以上+1点
②	壮齢林が含まれる					+2点
	河川・湖沼・湿原・湿地・苔の生えた礫(れき)。岩場・風穴・洞穴。河川とともにある岩壁・土崖。樹種・樹高など異なるタイプ林分が混在。					+1点
	渓畔に裸地、谷への枝条等の廃棄。駐車場のある施設。					−1点
	駐車場のある施設及び歩道。					−2点
③	対象森林を含む森林のまとまりの人工林率0%					+1点
	対象森林を含む森林のまとまりの人工林率50%以上					−1点
	林道がなく、登山道・作業道のみ存在する					+1点
	林道密度が3.07m/ha以上、または公道がある					−1点

5．1～4の結果により、総合評価を行います

希少性評価結果	多様性評価結果	自然性評価結果

3つの評価で → 最も高い評価

使用する評価結果

補足調査10点以上 → 1ランクUP

総合評価結果

図11　森林機能評価基準の実践(3)-①　生態系保全機能（出典は図7に同じ）

○《希少性の評価》野帳 ※森林に生息・生育する主な絶滅のおそれのある種（絶滅危機種 絶滅危惧種 絶滅危急種）

植物			動物	
アツモリソウ	サルメンエビネ	ツリシュスラン	鳥類	昆虫
イブリハナワラビ	ヒメホテイラン	トラキチラン	シマフクロウ	シロオビヒメヒカゲ
エゾオオケマン	ベニバナヤマシャクヤク	ヒナチドリ	ミユビゲラ	タガメ
エゾセンノウ	ユウシュンラン	ヒメドクサ	サンカノゴイ	ハラビロトンボ
カラフトアツモリソウ	アカスゲ	ヒメムヨウラン	コウノトリ	ヒメチャマダラセセリ
キバナノアツモリソウ	イチヨウラン	フクジュソウ	オジロワシ	アイヌハンミョウ
クロミサンザシ	ウラホロイチゲ	フサナズナ	オオワシ	ゴマダラチョウ
コアツモリソウ	エゾギンラン	ホソスゲ	クマタカ	アカメイトトンボ
サカネラン	エゾツリスゲ	ミヤウチソウ	イヌワシ	エゾカオジロトンボ
シュンラン	エビネ	動物	タンチョウ	ウスアオヨトウ
ヒダカミツバツツジ	カモメラン	魚類	ミコアイサ	両生類・爬虫類
レブンアツモリソウ	カラフトハナシノブ	イトウ	ミサゴ	キタサンショウウオ
イチゲイチヤクソウ	クシロチドリ	ヒメマス	オオタカ	コモチカナヘビ
オクシリエビネ	クシロワチガイソウ	ミツバヤツメ	ハイタカ	哺乳類
キンセイラン	シラネアオイ	エゾホトケドジョウ	チュウヒ	オコジョ
クシロネナシカズラ	スギラン	スミウキゴリ	ハヤブサ	チビトガリネズミ
クマガイソウ	タカネフタバラン	シロウオ	アカアシシギ	ヒメホオヒゲコウモリ
コイチヨウラン	チャボチドリ	カジカ（中卵型）	クマゲラ	注：未掲載種有（※）

※）全リストは，北海道レッドデータブック2001（http://rdb.hokkaido-ies.go.jp）を参照してください。

○《多様性の評価》野帳

○鳥の調査

	種名	観察	備考		種名	観察	備考
1				11			
2				12			
3				13			
4				14			
5				15			
6				16			
7				17			
8				18			
9				19			
10				20			

※観察：鳴き声（さえずりS＝Song，地鳴きC＝Call），目撃（V=Visual），ドラミングの音など

○植物の調査

上木		下層植生							
種　名			種　名	優先度	備考		種　名	優先度	備考
		1				11			
		2				12			
		3				13			
		4				14			
		5				15			
	合計　種	6				16			
低木・つる性木本		7				17			
種　名		8				18			
		9				19			
		10				20			
	合計　種	草本合計　種							

※優先度　5：76%以上　4：51〜75%　3：26〜50%　2：6〜25%　1：1〜5%　＋：1%未満

※鳥の解説は，「北海道野鳥図鑑」亜璃西社などによりました。

図12　森林機能評価基準の実践（3）-②　《希少性の評価》《多様性の評価》野帳（出典は図7に同じ）

○森林機能評価基準の実践

文化創造機能（人の心を豊かにし、文化をはぐくむはたらき）

市町村名		調査年月日	
林班		評価者	
※人と関わりのあるひとまとまりの森林を評価の対象とします。			

1．５つの性質に分けて、得点化します

「野鳥がたくさん集まる」「巨木がある」「風景が美しい」といった、森林の〝個性〟を５つの性質（評価軸）に分けて、それぞれ得点に表します。
（下の表の項目によって、それぞれ３点満点，最低点１点の点数付けをします）。

評価軸	評価するポイント	評価方法（それぞれ3点満点）	点数
こゆうせい 固有性	・その地方にしかない種・群落・生態系がある ・地名に由来する名前のついた生物がいる ・地域あるいはもっと広範囲で減少しつつある要素がある	道内に広く知られている（3点） 地元や愛好家に限られている（2点） 要素がない（1点）	
しぜんせい 自然性	・広葉樹林・針葉樹林・渓流など多様な自然が見られる ・魅力のある植物群落を含む ・野生動物の痕跡がみられる	最低を1点として、 Yesの数だけ1点換算	
きょうどせい 郷土性	・古くから継承されてきた要素がある ・地域の生活文化と関わりの深い要素がある ・地域のシンボルとして親しまれる要素がある	道内に広く知られている（3点） 地元や愛好家に限られている（2点） 要素がない（1点）	
けっしゅつせい 傑出性	・高さ、広さ、古さ、美しさ、特殊さなどの点において傑出している	全道的に見て傑出している（3点） 地域的に見て傑出している（2点） それ以外（1点）	
ちょうぼうせい 眺望性	・人工物と森林の調和が取れている ・多くの人の目に付きやすい	最低を1点として、 Yesの数だけ1点換算	

2．レーダーチャート化します

１で得点化したそれぞれの評価軸の点数を右図に落とし、レーダーチャート化します。

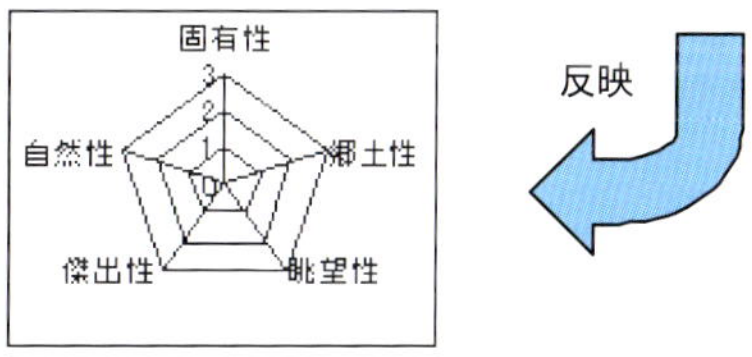

3．レーダーチャートの形を型に当てはめ、総合評価します

上で図化したレーダーチャートの形を、下例の「対象森林にふさわしい利用」の５つの型と比較し、どれかに当てはめ、総合評価とします。

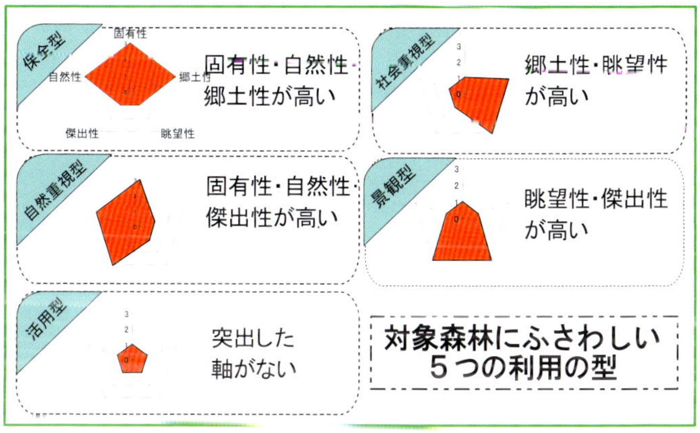

※それぞれの森林の型とその森林の特徴をいかした活動については、裏面を参照してください。

総合評価結果

図 13　森林機能評価基準の実践（4）-①　文化創造機能（出典は図 7 に同じ）

○対象森林にふさわしい利用の型とその森林の特徴をいかした活動

保全型

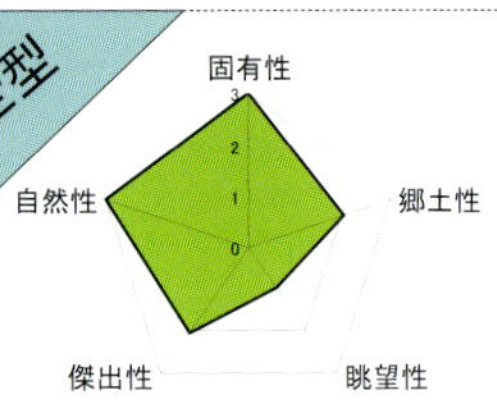

自然性・固有性が高い
なるべく保護区として保全するのが望ましい。山岳型スポーツの舞台としても利用されるが、活動には細心の注意が必要。

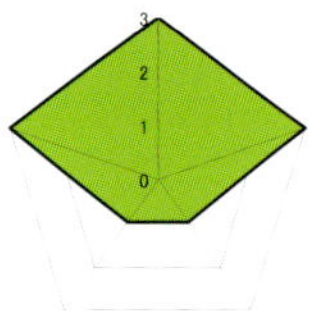

固有性・自然性・郷土性が高い
保護区として保全するのが望ましいが、一般的には利用者が多い。固有性を維持しながら、一定のルールの元に、自然観察や郷土学習などの利用に供する。

自然重視型

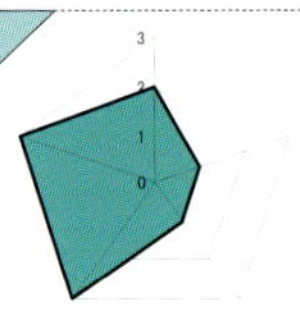

自然性・傑出性が高い
自然に触れることを目的とした活動（森林浴、自然観察など）やスポーツ（オリエンテーリングなど）に最適。

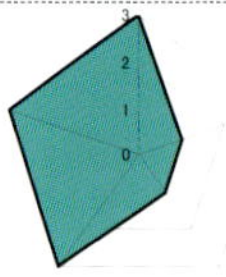

固有性・自然性・傑出性が高い
山岳型スポーツ等に向くが、固有性を維持するために、より細かいゾーニングを行い、立入規制や入場制限などが必要な場合もある。

社会重視型

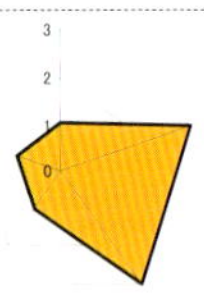

郷土性・眺望性が高い
郷土学習のほか、眺望性を生かして、風景撮影、絵画等の題材に向く。

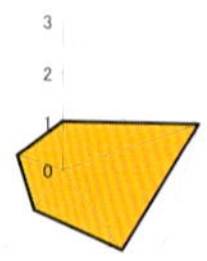

郷土性が高い
すでに利用度が高いことが多い。郷土性を生かした総合学習や遠足など。

景観型

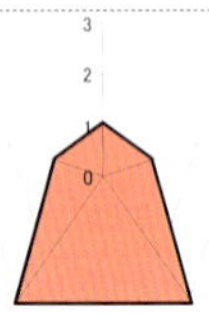

眺望・傑出性が高い
近隣の住人が日常的に利用する散策コースなど。山菜取りなどの採取型活動、採取型の体験活動にも向く。

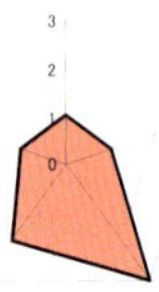

眺望性が高い
外から見た森林の美しさを生かした利用法、たとえばスキーやキャンプなどに向く。

活用型

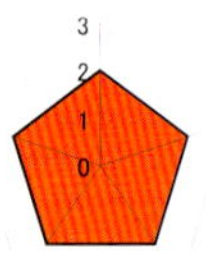

どの軸も中くらい
炭焼きや枝打ち・植樹などの林業体験や、市民による郷土山づくりの舞台として利用できる。

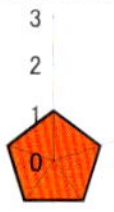

どの軸も評価が低い
文化創造活動の舞台としては、魅力に乏しい森林。整備すれば散策活動などが可能。

○評価ポイントの参考例

	参考例
固有性	・春国岱アカエゾマツ純林など ・アポイカンバ、オオヒラウスユキソウなど
自然性	・花の美しい植物等 ・キツツキ類の食痕や鳥の巣、動物の足跡等など
郷土性	・遺跡、森を舞台とした伝承・祭事など ・道祖神、寺社林、御神木、銘木
傑出性	・大径木、巨木 ・樹木でアーチ状に形成されたトンネルなど
眺望性	・○○望岳台 ・湖沼などの景勝地を望む森林

「固有性」「傑出性」「自然性」の違いについて

固有性→″その場所にしかない″自然由来の要素
傑出性→森林あるいは樹木に関わる傑出した要素
（ただし人為など環境の変化にはそれほど脆弱でない要素に限る）
自然性→上記２つ以外の自然由来の要素

？評価方法の「道内で広く知られている」って、どんな判断？

「道内に広く知られている」
・その要素が世界遺産や北海道遺産に指定される（または候補となった）
・北限の○○、南限の○○などとされている　等
「地元や愛好家に限って知られている」
・市町村の「花」や「木」に指定されている
・市町村の観光パンフレットに掲載されている
・地元の方や愛好家の方による保護活動がある　等

図 14　森林機能評価基準の実践（4）-②　対象森林にふさわしい利用の型とその特徴を活かした活動（出典は図 7 に同じ）

○森林機能評価基準の実践

木材生産機能（私たちの暮らしを支える木材を供給するはたらき）

市町村名	調査年月日
林小班※	評価者

※小班（樹種、林齢、作業上の取り扱いが同一な区画）を基本に評価。（類似した隣接小班と併せて評価も可能）

1．調査簿や現地調査により、評価に必要なデータを集めます

《森林調査簿による調査》

森林調査簿により、樹種名と林齢、小班の面積を調べます。

区分	項目
樹種名	
林齢（α）	（年）
小班面積(A)	(ha)

《現地の調査》

◎調査場所：対象の林小班内２０ｍ×２０ｍ

◎調査方法：

①胸高直径（全ての木）及び樹高（上層4本、中・下層各１本）を測ります。

②調査場所で、将来の「立て木」への枝打ちの有無、材の欠点となるような病虫獣害や曲がりの有無を調べます。

③小班全体の平均傾斜、最寄の道路（林道・作業道）までの距離を調べます。

区分	項目
枝打ち(B)	実施・未実施
材の欠点(C)	なし・あり
平均傾斜(D)	（度）
路網(E)	(m)

2．蓄積、形状比、成長量を計算します

《蓄積》　現地調査した胸高直径、樹高をもとにhaあたり蓄積を計算します（裏面参照）。

《形状比》　現地調査した胸高直径、樹高をもとに次の式により計算します。

$$\text{形状比} = \frac{\text{樹高（上層4本の平均）}}{\text{平均直径}} \times 100$$

《成長量》　１年に増加する体積（成長量）を次の式により計算します。

$$\text{成長量} = \frac{\text{haあたり蓄積}}{\text{林齢}(\alpha) - \text{期間A}}$$

樹種	期間A
カラマツ	3
トドマツ	16
アカエゾマツ	19
スギ	5

区分	項目
ha蓄積(F)	(m^3/ha)
成長量(G)	(m^3/ha・年)
形状比(H)	

3．８つの評価項目を基準に当てはめて点数をつけ、総合評価を行います

《各項目の評価》

評価基準（形状比 項目H）		
カラマツ	トド、アカエゾ、スギ	得点
80未満	70未満	5点
80以上-90未満	70以上-80未満	4点
90以上-100未満	80以上-90未満	3点
100以上-110未満	90以上-100未満	2点
110以上	100以上	1点
樹種による該当点数（※1）		点

※１）haあたり蓄積が50m3以下の場合、一律1点とします。

評価基準（A～Gの7項目）	
（A）面積1ha以上	（B）枝打ちを実施（20本程度　※2）
（C）材の欠点がない	（D）傾斜10度以下（面積の半分以上）
（E）道路から100m以内	（F）蓄積150m^3/ha以上
（G）成長量が多い（スギ7、カラマツ6、トドマツ5、アカエゾ4m^3/ha以上）	
各1点（5点を上限）として合計	点

※２）「立て木」に実施しているかどうかで判断します。

「形状比」って、どんな項目なの？

- **『形状比（高さ/太さ）』は、めざす姿で掲げる木材の"質"や"効率"的な木材生産、森林の"健全性"などに総合的に関連します。**
- **形状比が低いということは、適切な密度管理が行われ、単木の生長量や直径が大きく、かつ風雪害や病虫獣害に強い健全な森林であるということを表します。**

《形状比での判断》

《評価の統合》

評価点数を合計し、10段階の評価をします。

総合評価結果

図 15　森林機能評価基準の実践（5）-①　木材生産機能（出典は図７に同じ）

蓄積を求める手順について

①直径、樹高を測定します（調査地20m×20m内）

直径（全ての木）及び樹高（高い方から上位4本、中・下層各１本）を測り、野帳に記載します。

※直径は、成人の胸の高さ（地際から130cm）の位置における木の直径（胸高直径）を測ります。

直径、樹高記載野帳

No	直径	樹高	材積	No	直径	樹高	材積	No	直径	樹高	材積	No	直径	樹高	材積	No	直径	樹高	材積
1				21				41				61				81			
2				22				42				62				82			
3				23				43				63				83			
4				24				44				64				84			
5				25				45				65				85			
6				26				46				66				86			
7				27				47				67				87			
8				28				48				68				88			
9				29				49				69				89			
10				30				50				70				90			
11				31				51				71				91			
12				32				52				72				92			
13				33				53				73				93			
14				34				54				74				94			
15				35				55				75				95			
16				36				56				76				96			
17				37				57				77				97			
18				38				58				78				98			
19				39				59				79				99			
20				40				60				80				100			

直径別材積表

直径	材積	直径	材積
6	0.01	34	1.00
8	0.02	36	1.15
10	0.04	38	1.32
12	0.07	40	1.50
14	0.1	42	1.69
16	0.15	44	1.89
18	0.2	46	2.10
20	0.26	48	2.33
22	0.33	50	2.57
24	0.42	52	2.82
26	0.51	54	3.08
28	0.62	56	3.35
30	0.73	58	3.64
32	0.86	60	3.94

②各直径の階層ごとの、１本あたりの材積を求めます。

直径ごとに材積を右上の「直径別材積表※」より読み取り、上の野帳に記載していきます。

（※）全道の針葉樹の平均的な材積を示しています（樹種別など詳しい計算方法は、森林計画課ＨＰへ）

③haあたり蓄積を求める

②で求めた１本あたりの材積を合計し、調査地面積（0.04ha）で割り、ha蓄積を求めます。

項目	値
材積合計（α）	(m^3)
調査地面積（β）	(ha)
ha蓄積（$\alpha \div \beta$）	(m^3/ha)

材の欠点はどう調べるの？

右のような外からみて、材に影響を与えると思われるものを調べます。

状態	参考例
曲がりなど	一番根元の部分が大きく曲がっている、二股
くされ	キノコの発生が見られる
気象害・病虫獣害	凍裂がみられる、シカによる大幅な樹皮剥ぎ

最寄りの道路の求め方は？

小班の中央部から最寄りの林道や作業路までの最短距離とします。

point 形状比による密度管理の考え方！

形状比のきわめて高い森林（細くて密）で、細い木を中心に間伐をすると、残った木の平均直径は大きく、形状比は低くなります。

例えば、間伐前後では？

（前）樹高20m、直径20cm→形状比100

（後）　〃　　　直径24cm→形状比 83

枝打ちってどうしてするの？

■ **目的は？**　節のない、優良な材を生産するためです。
病原菌や害虫の侵入口となる〝枯れ枝〟をなくす効果や、林内が明るくなり生物多様性が高まる効果もあります。

■ **方法は？**　木の生長が止まっている１０月から翌年４月に将来に主伐する候補（立て木）の枝を落とします。

図 16　森林機能評価基準の実践(5)-②　蓄積を求める手順について(出典は図 7 に同じ)

用語解説

［はじめに］

拡大造林

天然林を伐採した跡地，あるいは原野などに人の手で造林を行うこと。増大する国内の木材需要に応えるため，1957年か1960年代後半にかけて国から強く推進された。

間　伐

森林の混み具合に応じて木を伐採し，密度を調整する作業のこと。いわゆる「間引き」。これを行うことで，形質の良い木の生長を促進することができる。間伐率が材積ベースで30%以下であれば，林分の成長量は低下しないとされている。

協働の森づくり

森林所有者や林業事業体，一般市民，NPO，行政などが協力し役割を分担して，地域の森林を育てていくという考え方，あるいはそれをめざした体制づくりのこと。

京都議定書

1997年に京都で行われた第3回気候変動枠組条約締結国会議で定められた議定書。正式名称は「気候変動に関する国際連合枠組条約の京都議定書」。先進諸国の排出する二酸化炭素・メタン・亜酸化窒素など6種類の温室効果ガスの削減をめざす国際的取り決め。先進国全体で2008年から2012年までに1990年比5%の削減を目標とし，各国ごとに法的拘束力のある数値が示された。

水源かん養機能

森林のもつはたらきのひとつ。渇水や洪水を緩和するとともに，河川に流れる水の量を一定以上に維持し，良質な水を供給するような機能。

需給逼迫

需要または供給に余裕がなくなること。

森林・林業基本法

森林の有する多面的機能の発揮をはかるための森林整備保全の目標と，林業の持続的かつ健全な発展に資するため，山村振興などの政策の目標を提示し，その目標の達成に資するための基本的な施策を示すことを目的とする法律。

ゾーニング

森林の機能を効果的，効率的に発揮させるための，「エリア分け」に基づく手法のひとつ。たとえば林班，小班といった一定の森林のまとまりごとに，その森林のもっとも重視すべき機能を明確にし，それに応じて森林を区分すること。ゾーニングされたエリアごとに「機能を充実させるための」森林の整備を進めていくうえで役立つとされる。

保安林

森林の公益的機能の発揮を目的として，国が特定の制限(伐採の制限など)を課した森林のことをいう。「水源のかん養」「土砂崩壊の防備」など，指定の目的により17種類に分類される。

木材自給率

木材需要量に占める国産材供給量の割合のこと。近年，約20%で推移している。

林業基本法

林業の発展と林業従事者の地位の向上をはかり，あわせて森林資源の確保および国土の保全のため，林業に関する政策の目標を明らかにし，その目標の達成に資する基本的な施策を示したもの。

ワークショップ

参加者が専門家の助言を得ながら問題解決のために行う研究集会のこと。近年，一般市民が行政に参加するひとつの形態として定着しつつある。

［第1章］

一般会計

国および地方公共団体における会計のひとつで，特別会計に属さない財政を包括的，一般的に経理する会計のこと。福祉や教育，消防など国民・住民に広く行われる事業における歳入・歳出の会計である。

皆　伐

森林を一時に全部または大部分伐採すること。

経済財政諮問会議

内閣総理大臣の諮問を受けて，内閣府におかれる重要政策に関する会議のひとつ。内閣総理大臣の諮問に応じて，経済全般の運営，財政運営，予算編成，そのほかの経済財政政策に関する重要事項を調査・審議する。

坑　木

炭坑そのほかの鉱山で，坑道の岩盤などを支えるために使用される木材のこと。北海道においては，石炭採掘が盛んな時代は多くの需要があった。

森林施業

森林を維持・造成するため，伐採，造林，保育などの種々の作業を組み合わせ，生産目的や保全目的に応じた森林の取り扱いをすること。

生態系

自然界の，あるまとまった地域において，そこに生活するすべての生物と，その生活空間を満たす土，水，大気などの環境を合わせたもの。エコシステムともいう。

生態系保全機能

森林のはたらきのひとつ。野生の生き物(植物・動物)の住処としてのはたらき(→生態系も参照)。

天然林施業

天然林において択伐，漸伐による収穫を行い，主として天然更新により森林を育て管理する手法のこと。

独立行政法人

国の中央省庁の行政業務のうち，病院，研究機関，検査機関などの行政サービス部門で，国から独立させた組織のこと。

排出権取引

汚染物質，たとえば温暖化ガスの排出量の上限を各国ごとに設定し，上限を超えた国は超えていない国から余剰分を買い取ることができるという制度のこと。

複層林

年齢や樹種の異なる樹木で構成された森林のこと(図1)。

不成績造林地

造林したものの，土壌や気候などさまざまな理由で苗木の成長が悪い造林地のこと。

図1　複層林

[第2章]

胸高幹断面積

成人の胸の高さにおける樹木の直径を胸高直径と呼ぶ(本州では120 cm，北海道では130 cmの高さを採用している)。その胸高直径で立木の幹を切ったときの断面積のことを胸高幹断面積と呼ぶ。立木の密度と深い関係がある。

群　落

さまざまな種類の植物が群がって生えている状態，またはその全体。○○群落，のように植物種を冠して用いることが多い。

形状比

樹幹の形状を示す物差しのひとつで，樹高を胸高直径で割った比率のこと。形状比が大きいほど細長い幹であることを示し，強風や冠雪に対する抵抗力は小さくなる。

更新特性

伐採して樹木がなくなった場所を，樹木の生えた状態にすることを更新と呼ぶ。樹種によって更新しやすい環境は異なり，その特性のことを更新特性と呼ぶ。

コンテナ

植物を植えるための容器。プラスチック製，木製，鋳鉄製など素材もスタイルもさまざまなものがある。近年では植えたまま自然に還る生分解性のものがNPOを中心によく用いられている。

指定管理者

都道府県または市町村が，公の施設の設置目的を効果的に達成するため必要があると認めたときに，その施設の管理を行わせるために，期間を定めて指定する法人やそのほかの団体のこと。

順応的管理

不確実性をともなう対象を取り扱うための考え方・システムのひとつで，特に野生生物や生態系の保護管理に用いられる。たとえば，ある野生生物の保護管理計画を立てるときに，不確実なことが多く当初の予測が外れる事態が起こりうることを，あらかじめ管理システムに組み込む。そのうえで，常にモニタリングを行いながら対応を変えるフィードバック(＝順応性)管理を行う。

上層樹高

森林の一番上層部分を構成する樹木を上層木といい，その高さを上層樹高と呼ぶ。

植栽密度

人工林における1 ha当たり植栽した本数のこと。植栽密度は造林の目的や樹種，立地条件などにより異なる。北海道における造林用の標準植栽密度は1 ha当たり2,000本である。

相対幹距

相対幹距離ともいい，林分の混み具合をあらわす指標のひとつ。林木の樹幹距離の平均(平均幹距)と林分の上層木の平均樹高との比である。

第三セクター

地域開発や新しい都市づくり推進のため，地方公共団体と民間企業が協同出資して設立された事業体のこと。

東海豪雨

2000年9月11～12日を中心に愛知県名古屋市およびその周辺で起こった豪雨災害の通称で，後に激甚災害に指定された。東海集中豪雨ともいう。

ビオトープ

ギリシャ語で，「生命」を意味する「bio」と「場所」を意味する「topos」を組み合わせた合成語で，生物が互いにつながりをもちながら生息している空間を示す言葉。ドイツの生物学者ヘッケルがその重要性を提唱したことが始まりとされる。日本では，特に開発事業などによって環境の損なわれた土地などに造成された生物の生息・生育環境空間をさしていう場合もある。

放置人工林

手入れをされることなく放置された人工林のこと。森林所有者の高齢化や不在村地主化にともなって増大している。

林　冠

森林において，太陽光線を直接に受ける高木の枝葉が茂っている部分をさす(冠のように見えることから)。

林　床

林の中の地面部分のこと。

［第3章］

ケーススタディ

事例研究法ともいう。ひとつの単位(家計，地域など)を事例として取り上げ，その特徴を深く掘り下げていくことで，一般的な課題や法則を見出していく方法のこと。ここでは機能評価基準を道有林の一部で試験的に適用し，その問題点を洗いだしたことをさす。

［第4章］

デイキャンプ

日帰りのキャンプ。アウトドアで自分たちのベース(陣地)を定めて，そこを拠点に日帰りでレクリエーションなどを楽しむこと。

ポロトコタン

白老町にはポロト沼と呼ばれる大きな湖があり，そこにアイヌの集落があった。ポロトコタンとはアイヌ語で「大きい湖の集落」という意味。ここでは(財)アイヌ民族博物館が運営する野外博物館など，施設群の総称として用いている。

［第5章］

火山噴出物

火山活動の際に地表に噴出した物質の総称。ここでは火山灰，火山礫，火山岩塊などをさす。

指標種

生息に必要な環境条件の幅がごく狭い生物種は，その種が存在することによって，その場の環境条件が狭い幅のなかにあることを示す。このように，環境条件をよく示しうる種のことを指標種という。北海道森林機能評価基準では，「生き物の豊かさ」の評価に森林性の野鳥16種を指標種として用いている。

絶滅危急種

絶滅のおそれのある生物は，国や都道府県ごとにレッドデータブックとしてまとめられ，その絶滅の

表1　北海道レッドデータブック・カテゴリー(北海道，2001より)

絶滅種		すでに絶滅したと考えられる種または亜種
野生絶滅種		北海道の自然界ではすでに絶滅したと考えられているが，飼育などの状態で生存が確認されている種または亜種
絶滅のおそれのある種	絶滅危機種	絶滅の危機に直面している種または亜種
	絶滅危惧種	絶滅の危機に瀕している種または亜種
	絶滅危急種	絶滅の危機が増大している種または亜種
希少種		存続基盤が脆弱な種または亜種
地域個体群		保護に留意すべき地域個体群
留意種		保護に留意すべき種または亜種(北海道においては個体群，棲息生育ともに安定しており特に絶滅のおそれはない)

危険度に応じてランク分けされている。絶滅危急種は，『北海道レッドデータブック2001』において危険度が高いほうから3番目のランクに当たり（表1），『環境省レッドデータブック1997』の「絶滅危惧II類」に相当する。なお，環境省や国際自然保護連合（IUCN）と北海道のランクづけの比較は，http://rdb.hokkaido-ies.go.jp/page/search_category_sub.html を参照のこと。

ラインセンサス

あらかじめ決められたルートにそって動植物の出現種数などを調査する方法。野鳥やほ乳類などの生息調査によく用いられる。

［第6章］

幹折れ害

強風などにより，立木が幹の途中で折れる被害のこと。

根返り害

強風などにより，立木が根ごと倒される被害のこと。根の浅い樹種などで多く起こる。

［第7章］

KJ法

ブレーン・ストーミング（brainstorming：集団思考法）でだされた意見を1枚ずつ小さなカードに書き込み，それらのなかから近いもの同士を集めてグループ化していき，小グループから中グループ，大グループへと組み立てて図解していく。こうした作業のなかから，テーマの解決に役立つヒントやひらめきを生みだしていこうとする試み。文化人類学者川喜田二郎氏が考案した創造性開発の技法で，その頭文字をとって「KJ法」と名付けられた。

森林バイオマス

木質バイオマスともいう。光合成によってつくられた植物のからだで，特に樹木に由来するものをさす。近年は化石燃料に変わる自然エネルギーとしての活用が期待されている。

緑の回廊

野生生物の生息地と生息地を結ぶ，野生生物の移動に配慮した連続性のある森林や緑地空間のこと。生態系ネットワーク，あるいはコリドーなどともいわれている。近年では，国有林などが生物多様性戦略のひとつとして保護林の育成などに取り組んでいる。

木質ペレット

樹木の幹や樹皮を細かく砕き，直径6〜10 mm，長さ10〜30 mm程度に圧縮，整形した円筒形の燃料。薪のように樹木をそのまま燃焼させるより，燃焼機への自動供給や発熱量の調節がやりやすくハンドリング性が高いため，近年国内でも生産が増加している。

［第8章］

採餌跡

野鳥など動物が餌を食べた跡のこと。

［資料］

拡大係数

幹の重量に対し，枝条を含めた林木全体の重量の比のこと。

渓畔林

渓流ぞいに繁茂する森林のこと。

樹　冠

樹木の枝と葉の集まりのこと。木の上部に一定の暑さの層をつくり，樹種よって特有の形をつくる。

樹冠疎密度

樹冠の投影面積を，その区域の森林の面積で割って指数化したもの。

林帯幅

森林が帯状に成立しているとき，その幅をさす。

参考・引用文献

Clawson, M. (1975). Forests for Whom and for What? 175pp. Resources for the Future.

Eagles, P. and S. McCool (2002). Tourism in National Parks and Protected Areas: Planning and Management. 336pp. CABI Publishing.

古川泰(2004). 地方自治体における新たな林政の取り組みと住民参加. 林業経済研究, 50(1)：39-52.

花岡史恵・澤田俊明・鎌田磨人・福田景子・松村俊憲(2003). 森づくりワークショップによる参加型「千年の森」活動プログラムづくりについて. 土木計画学研究・講演集(CD版)28.

原田泰(1954). 改定　森林と環境―森林立地論. 159 pp. 北海道造林振興協会.

北海道山林史戦後編編集委員会編(1983). 北海道山林史　戦後編. 181 pp. 北海道林業会館.

石橋聰(2006). 長伐期化に対応したカラマツ人工林収穫予想表の作成. 北方林業, 58：49-56.

柿澤宏昭(2007). 森林ガバナンスの構築に向けて. 山林, 1478：2-9.

Kamada, M. (2005). Hierarchically structured approach for restoring natural forest: Trial in Tokushima Prefecture, Shikoku, Japan. Landscape and Ecological Engineering, 1: 61-70.

河井大輔・川崎康弘・島田明英(著)・諸橋淳(絵)(2003). 北海道野鳥図鑑. 400 pp. 亜璃西社.

小山浩正(1996). 林内光環境の推定法(2)②カラマツ―1. 複層林の造成管理技術の開発, pp.10-13. 林野庁.

蔵治光一郎・保屋野初子編(2004). 緑のダム―森林・河川・水循環・防災. 260 pp. 築地書館.

蔵治光一郎・洲崎燈子・丹羽健司(2006). 森の健康診断―100円グッズで始める市民と研究者の愉快な森林調査. 208 pp. 築地書館.

真辺昭(1973). 北海道カラマツの密度管理図(北方林業叢書51). 61 pp. 北方林業会.

真辺昭(1974). トドマツ密度管理図(北方林業叢書53). 69 pp. 北方林業会.

森本淳子・竹位尚子・佐藤弘和・金子正美・中村太士(2009). 北海道白老町ウヨロ川流域の水土保全機能評価. 景観生態学会誌, 13(1&2)：印刷中.

日本林業技術協会(1999). 人工林林分密度管理図(全22図). 日本林業技術協会.

NPO法人間伐材研究所(2006). 間伐材新聞, 15：16.

NPO法人ウヨロ環境トラスト(2006). ウヨロ川フットパス・マップ. NPO法人ウヨロ環境トラスト.

林野庁(2007). 森林・林業白書〈平成19年版〉. 林野庁.

林野庁(2008). 森林・林業白書〈平成20年版〉. 林野庁.

杉本健輔(2009). 森林環境税の実施・見直し過程に関する研究. 120 pp. 北海道大学農学院環境資源専攻修士論文.

洲崎燈子・蔵治光一郎・丹羽健司(2008). 矢作川流域の人工林の健康状態の現状―2005～2007年「森の健康診断」の結果から. 矢作川研究, 12：103-110.

内山節編著(2001). 森の列島に暮らす―森林ボランティアからの政策提言. 184 pp. コモンズ.

柳沼武彦(1994). 木を植えて魚を殖やす. 253 pp. 家の光協会.

索　引

【た行】

【な行】

【は行】

【ま行】

【や行】

【ら行】

【わ行】

【編者(五十音順)**】**

柿澤　宏昭(かきざわ　ひろあき)
1959年横浜市に生まれる
現在，北海道大学大学院農学研究院　教授
博士(農学)
専門は森林政策学。持続的森林管理を協働で支える仕組みをテーマに研究を行っている。
おもな著書に『エコシステムマネジメント』(築地書館)，『生物多様性保全と環境政策─先進国の政策と事例に学ぶ』(共編，北海道大学出版会)などがある。

中村　太士(なかむら　ふとし)
1958年名古屋市に生まれる
現在，北海道大学大学院農学研究院　教授
農学博士(北海道大学)
専門は生態系管理学。森林と川のつながりなど，生態系間の相互作用を土地利用も含めて流域の視点から研究している。
おもな著書に『森林の科学─森林生態系科学入門』(共編著，朝倉書店)，『川の環境目標を考える─川の健康診断』(共監修，技報堂)などがある。

【著者(五十音順)**】**

明石　信廣(あかし　のぶひろ)
北海道立林業試験場　鳥獣科長
担当：第3章，第5章，資料

柿澤　宏昭(かきざわ　ひろあき)
北海道大学大学院農学研究院　教授
担当：第1章，第9章担当

鎌田　磨人(かまだ　まひと)
徳島大学大学院　ソシオテクノサイエンス研究部　教授
担当：第2章

菅野　正人(かんの　まさと)
北海道立林業試験場　資源解析科長
担当：第3章，第5章，資料

酒井　明香(さかい　さやか)
北海道立林業試験場　研究職員
担当：第3章，第5章，第8章，資料

佐藤　弘和(さとう　ひろかず)
北海道立林業試験場　研究主任
担当：第3章，第5章，資料

澁谷　正人(しぶや　まさと)
北海道大学大学院農学研究院　准教授
担当：第6章

庄子　　康(しょうじ　やすし)
北海道大学大学院農学研究院　准教授
担当：第7章，第9章

洲崎　燈子(すざき　とうこ)
豊田市矢作川研究所　主任研究員
担当：第2章

辻　　昌秀(つじ　まさひで)
NPO法人ウヨロ環境トラスト　常務理事
担当：第4章

中村　太士(なかむら　ふとし)
北海道大学大学院農学研究院　教授
担当：はじめに，第9章

森本　淳子(もりもと　じゅんこ)
北海道大学大学院農学研究院　講師
担当：第5章

森のはたらきを評価する
—市民による森づくりに向けて—

発 行
2009年3月25日 第1刷

編 者
中村太士
柿澤宏昭

発行者
吉田 克己

発行所
北海道大学出版会
〒060-0809 札幌市北区北9条西8丁目 北海道大学構内
Tel.011(747)2308/Fax.011(736)8605・郵便振替02730-1-17011
http://www.hup.gr.jp/

図書設計
須田照生

印刷所
株式会社アイワード

製本所
株式会社アイワード

ISBN978-4-8329-8189-8

愛好家から研究者まで 北海道大学出版会の図鑑・図譜

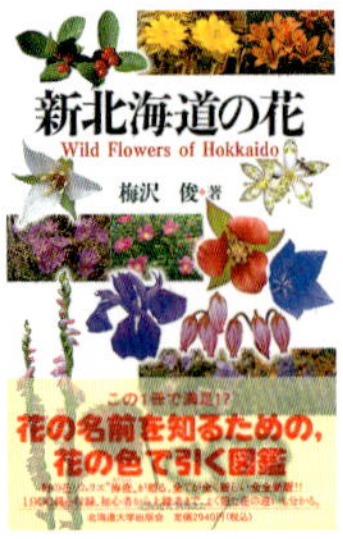

新北海道の花
梅沢　俊 著
ISBN 978-4-8329-1392-9
四六変型判・464 頁
本体価格 2800 円

新版 北海道の樹
辻井達一・
梅沢　俊・佐藤孝夫 著
ISBN 978-4-8329-1032-4
四六判・320 頁
本体価格 2400 円

春の植物 1
河野昭一 監修
ISBN 978-4-8329-1371-4
A 4 判・122 頁
本体価格 3000 円

春の植物 2
河野昭一 監修
ISBN 978-4-8329-1381-3
A 4 判・120 頁
本体価格 3000 円

夏の植物 1
河野昭一 監修
ISBN 978-4-8329-1393-6
A 4 判・124 頁
本体価格 3000 円

北海道の 湿原と植物
辻井達一・橘　ヒサ子 編著
ISBN 978-4-8329-1361-5
四六判・266 頁
本体価格 2800 円

普及版 北海道 主要樹木図譜
宮部金吾・工藤祐舜 著／須崎忠助 画
ISBN 978-4-8329-9142-2
B 5 判・188 頁
本体価格 4800 円

北海道高山植生誌
佐藤　謙 著
ISBN 978-4-8329-8173-7
B 5 判・708 頁
本体価格 20000 円

原色 日本トンボ幼虫・成虫大図鑑
杉村光俊・石田昇三・
小島圭三・石田勝義・青木典司 著
ISBN 978-4-8329-9771-4
A 4 判・956 頁・本体価格 60000 円

バッタ・コオロギ・キリギリス大図鑑
日本直翅類学会 編
ISBN 978-4-8329-8161-4
A 4 判・728 頁
本体価格 50000 円

札幌の昆虫
木野田君公 著
ISBN 978-4-8329-1391-2
四六判・416 頁
本体価格 2400 円